火鸡不想过圣诞

200个
激发创造力的
隐喻

[英] 彼得·肖 著

陶尚芸 译

 中国水利水电出版社
www.waterpub.com.cn

·北京·

内 容 提 要

这是一本能有效地帮助读者打开思维困境的职场指南书。全书系统地研究和整理了200则隐喻提示，每则提示都采用"小哲理+小故事+小思考"的构成模式，让读者轻松地、一步一步地进入隐喻情境并深化体验。用隐喻来思考问题可以激发我们的想象力和创造力，帮助我们打破思维壁垒，走出困境。

图书在版编目（ＣＩＰ）数据

火鸡不想过圣诞：200个激发创造力的隐喻 ／（英）彼得·肖著；陶尚芸译. -- 北京：中国水利水电出版社，2022.1
书名原文：The POWER of LEADERSHIP METAPHORS
ISBN 978-7-5226-0327-8

Ⅰ. ①火… Ⅱ. ①彼… ②陶… Ⅲ. ①思维方法－通俗读物 Ⅳ. ①B804-49

中国版本图书馆CIP数据核字（2021）第268887号

北京市版权局著作权合同登记号：图字 01-2021-6940

书　　　名	火鸡不想过圣诞：200个激发创造力的隐喻 HUOJI BUXIANG GUO SHENGDAN: 200 GE JIFA CHUANGZAOLI DE YINYU	
作　　　者 出版发行	[英]彼得·肖 著　陶尚芸 译 中国水利水电出版社 （北京市海淀区玉渊潭南路1号D座　100038） 网址：www.waterpub.com.cn E-mail：sales@waterpub.com.cn 电话：（010）68367658（营销中心）	
经　　　售	北京科水图书销售中心（零售） 电话：（010）88383994、63202643、68545874 全国各地新华书店和相关出版物销售网点	
排　　　版 印　　　刷 规　　　格 版　　　次 定　　　价	北京水利万物传媒有限公司 天津旭非印刷有限公司 146mm×210mm　32开本　7印张　132千字 2022年1月第1版　2022年1月第1次印刷 49.80元	

凡购买我社图书，如有缺页、倒页、脱页的，本社发行部负责调换
版权所有·侵权必究

概　述

　　一个故事或一幅图画，胜过千言万语。故事、图画或隐喻可以帮助我们明确下一步该做什么。"只有种子破裂，才能长出嫩芽""隧道尽头就是光明""只见树木，不见森林"等短语，以一种深刻的方式总结了我们作为领导者需要认识到的真理。

　　当我们探索隐喻时，接下来的步骤就会变得更加清晰。隐喻可以激发我们的想象力，让我们重新思考问题。用隐喻来反思问题，可以帮助我们解锁思维模式，并有望开启新的解题方案。隐喻可以让我们"切入问题的核心"，认清形势，提出见解，或者让我们知道我们卡在了哪里。隐喻还可以促使我们面对现实——我们需要放弃一个项目，重新开始或改变方向。

　　我经常在培训谈话的课程中使用隐喻，因为隐喻可以引发富有创造性和激励性的交谈。令人难忘的隐喻可以让一个想法停留在我们的记忆中，并不断提醒我们，有一条前行之路可能与我们之前预期的不同。

　　我在本书中收录了200个对我而言真实靠谱的隐喻。我使用"隐喻"一词，显得有些轻率，因为书中的一些短语实际上就是

谚语、习语或格言。我在每一页写下一个隐喻，让读者迅速了解其适用性，进而从容思考其与自己的关联性。我先用一段话来引导读者，说明每个隐喻和领导者的关系，然后列出三个提示或问题供读者思考。每一小节都会举一个小例子，并假想一个领导者，比如本、吉莉安、威廉、萨莉娜、哈里、卡萝、布伦达和拉希德。他们的体验都源自我担任领导时在培训谈话中的观察。

我在培训谈话时使用的基本模式是鼓励人们思考领导力的"4V"：愿景（Vision）、价值（Values）、增值（Value-added）和生命力（Vitality）。因此我在本书的前四章亦将隐喻归纳为四大主题：愿景、价值、增值和生命力，也就是4V。接下来的第五章是风险清单。第六章是莎士比亚写的10个生动隐喻，以唤起我们的回忆，引起共鸣。第七章对我们的心态提升有益。遗憾的是，本书篇幅有限，很多名句未能收录其中。最后一章的隐喻也算是永恒的真理。

本书旨在启迪大家思考。我希望，面对每一种情况，你们都能想出一个锦囊妙计似的隐喻，让它去抓住想象力，从不同的角度看待问题。隐喻真的非常有用，可以开辟途径去应对前所未有的挑战。

当隐喻邂逅想象力的时候，便有望开启新的探索和潜能。即使是在最黑暗的时刻，也有机会收获惊喜和热忱。

彼得·肖

英格兰戈德尔明

第一章

愿　景

站得高才能看得远，想得深才能把握得准

① 舍不得种子抽不出芽

只有摒弃旧的想法和信念，才能诞生新的生命和希望。

你对周围的世界感到沮丧，因此你坚定了自己的决心。你的自信在一定程度上帮助你取得了成功，但你开始意识到，生活不能以一成不变的方式继续。你需要冷静下来，跳出自以为正确的固定思维。当你允许别人发声并不再渴求证明自己正确的时候，就会迎来新的生活和希望。

本先生是一位技术娴熟的项目经理，他在任何情况下都能准确地判断需求是什么，因此建立了良好的声誉。但后来他开始意识到，其他人逐渐绝对服从他的决策而懒得动脑做决定了。本先生认为，他需要退后一点，藏在聚光灯后，让其他人也有机会晋升主角，以激发他们对未来的热情与积极性。

思考时刻

♦ 你需要摒弃哪些自我信念和成见，才能继续前行？

♦ 你需要规避哪些挫折，才能让你的判断免受打扰？

♦ 你怎样才能更好地摒弃成见？

② 上帝关上了一扇门，必然会为你打开一扇窗

当一条前行之路被封堵时，你可能会看到前所未有的可能性。

你热衷于勇往直前并愿意承担更多的责任。你观察到一个机会，想看看它能不能推动你继续前行。当你主动出击并成功获取时，却意识到这个职位并不适合你，因为你不符合公司当下的需要。你很失望，但也敢于直面现实。你开始考虑将来还有哪些可能的选择。当你想清楚了自己的初衷之后，就会确定自己可以做出什么样的贡献，脑海中便浮现出其他的可能性。

本先生曾经努力申请一个项目，但没有成功。所幸，申请项目的过程帮助他明确了自己的优势。当另一个项目的领导职位出现时，他便更有能力去申请了。此前失败的申请体验使他能够适应当下的团队领导模式。

思考时刻

♦ 如果一直被某个机会拒之门外，你什么时候才会放弃呢？

♦ 你如何寻找潜在的新机会呢？

♦ 当你回首往事，想起曾经拒绝过你的事情，你会感激吗？

③ 隧道尽头就是光明

当你看向前方时，就会瞥见远处的光芒。

你正忙于一件迫在眉睫的事情。你觉得卡顿了，不敢看得太远，因为这可能意味着你会因为持续黑暗的前景而感到沮丧。你会感觉前路悲凉，未来无光。你告诉自己，你以前也遇到过这种情况，如今黑暗已经褪去。想象一下当你抵达光明时的情景，你会满腔期待，因为黑暗正在渐渐消失。

本先生在领导一个进展缓慢的项目。没有人能按照预期的方式交付任务。他必须坚持不懈地提醒团队成员兑现承诺。最终，大家对下一步行动达成了一致意见，本先生自己也相信事情会有所进展。当他放眼未来时，可以在这条看似漆黑的隧道尽头瞥见光明的前景。

思考时刻

♦ 什么样的过往体验使你看到隧道尽头的光明？

♦ 现在不要欺骗自己，你要怎样才能看到隧道尽头的光明？

♦ 你如何向别人描述隧道尽头的光明？

④ 移走挡路石

你需要仔细观察附近有没有挡路的乱石，并思考如何移走挡路石。

当我们看到前方障碍重重而无法跨越时，就会感到无能为力。怎么才能越过障碍呢？我们需要评估具体的障碍类型。障碍有大小之分吗？有同事曾经遭到过同样的困难吗？克服困难是不是比我们想象的更容易呢？困难背后有哪些可能的途径呢？哪些困难需要我们去面对、哪些困难可以规避呢？

本先生曾看到一个重大问题，他将其视为挡路石。这似乎是一个非常难搞掂的问题。他决定从不同的角度切入，并吸取众人的意见。就这样，一个巨大的难题逐渐变成一个棘手但可控的项目。挡路石变成了可以跨过的障碍。

思考时刻

♦ 谁能帮你从不同的角度去剖析困难？

♦ 你可以利用哪些专业知识来衡量困难的大小呢？

♦ 战胜困难之后，你会获得怎样的满足感？

⑤　踏上新征程之前，请给过去画个句号

开启崭新的征程之前，需要对过去做个了结。

你想顺利辞去一份工作或者一份责任，且不要留下太多的烂摊子。当进入工作或生活的下一个阶段时，你不希望自己的头脑被先前的种种纠结弄得一团糟。当你列出需要完成的事情，并与正在接手的同事进行结论性对话时，你会意识到，你离职之前的最后一次对话可能是一场有价值的指导性对话。然后，你可以画一条边界线，与过去道别，更自由地进入下一个阶段。

本先生进入目前的岗位时，完美地移交了以前的工作，这让他颇为欣慰。有些任务自然而然就结束了。他还花时间指导和鼓励正在推进先前工作的接任者。他获得了莫大的满足感，因为他顺利移交了工作，并与接任人员对各自的未来发展进行了探讨。

思考时刻

♦ 对你来说，什么是让你继续前行的好结局？

♦ 你如何不再纠结过去工作中的错误？

♦ 什么会阻止你开启新的职场之旅？

⑥ 鸟瞰，站得高才能看得远

从远高于当前问题的角度看问题，你会拥有一个更广阔的视角。

你陷入困境，感到被眼前的压力所困。外界的要求让你倍感残酷。你没有藏身之处，也看不到远方的前景。你想跳出困境，转向外面的世界，看看别人是怎么解决类似的问题的，并向成功践行者们寻求帮助。你想象自己站在了高处俯视当前的问题，看到了更广阔的领域，还对比了自己与别人处理类似问题的模式。

本先生在想象，他正俯视着眼前的问题。他能看到沿途的风景和未来的方向及可能性。他能看到别人是如何处理类似问题的，还能看清哪些方法行之有效。他看到了全局的轮廓，还清楚未来的路有多长。突然之间，他感觉未来可期，因为他的心中有了更美好的憧憬。

思考时刻

♦ 你如何才能超越眼前的压力，更好地开拓你的视野？

♦ 站在高处看问题，你会更清楚地看到眼前和即将发生的事情吗？

♦ 这对你的未来有什么启迪呢？

⑦ 你要攀登的下一座山

你已经走过漫漫长路，但总会有下一座山在等着你去攀登，那么，你如何答谢和庆祝已经取得的颇多成就呢？

务必想一想你要攀登的下一座山是什么，这对你有帮助。但如果执着于爬过一座又一座山，也会让人望而却步和不堪重负。我们总是不愿给自己时间去庆祝和回顾已有的明显进步。当我们需要站在原地享受现有成果时，想一想，要不要攀登下一座事业高峰，并坚持追求平步青云的事业呢？

本先生意识到自己并不擅长庆祝已有的进步。他迫不及待地想要继续前进。他精力充沛，但他的队友没有他那么干劲十足。本先生意识到，他需要确保在庆祝每一座高峰时，都充分承认每个人的贡献。本先生开始接受并不是每座山都需要攀登的事实，因为有些山是可以绕过去的。

思考时刻

♦ 你和队员们谈论需要攀登哪些山峰，对你们有多大帮助？

♦ 你会绕过哪些山？

♦ 你需要别人如何支持你的大胆或退缩呢？

⑧ 冒险之前请权衡利弊

有些时候你要大胆，有些时候你要退缩，因为你的言语和行动可能带来相应的后果。

我们想要向前一步，并反驳一种新兴的方法。我们意识到，我们不想让自己变得不受欢迎或者产生消极的强烈反应。当我们需要同事的支持来制定对我们很重要的行动方针时，我们并不想制造反对者。我们一开始会犹豫，然后判定需要什么证据来支持我们首选的方法，以及可以与谁交谈，以便就下一步行动达成共识。

本先生训练自己开拓思维，看看如果他偏爱的方法没有如他所希望的那样奏效，结果会怎样。他问自己，如果事实证明决策没有带来预期的效果，可能对公司和员工产生什么后果呢？他想保持自己良好的个人声誉，他觉得，只要带上关键的同事一起做，他就可以大胆地倡导下一步行动了。

思考时刻

◆ 如何更好地评估你的建议会产生什么后果？

◆ 什么样的恐惧会阻止你勇敢地去做你需要做的事？

◆ 什么能让你不惧怕坠入悬崖？

⑨ 桌子下面藏着真相

有些时候，我们必须说出真相，并采取明确的行动，这样才能赢得他人的倾听和回应。

有时，令人厌恶或不恰当的行为已经成为常态。虽然有些行为也是可以容忍和接受的，但它们原本不应该如此。有些金融交易有点儿见不得人，但有的人还是忍了。由于公认标准遭到了侵蚀与忽略，一切都仿似雾里看花。但有些事情需要说一说。有时候，需要一盏明灯来照亮前进的方向，还需要有人大声说出来。我们要"转一转桌子"，因为桌子下面藏着真相，可以帮我们揭露不正当的交易和纠正不得体的行为。

本先生担心，他的一些员工真正休息的时间远多于他们需要休息的时间，所以他们一直玩失踪。但有一些人兢兢业业地工作，工作时间创造的业绩远多于他们的工资所得。本先生认为，关于投入工作的时间和精力的规范存在系统性地滥用。本先生决定，现在是时候明确自己的预期，并指出已经形成的不良习惯了。

思考时刻

♦ 哪些滥用时间和资源的行为需要说明？

♦ 什么会妨碍你揭露滥用资源的行为？

♦ 你如何保护某些人免受他人阴险行为的伤害？

⑩ 是时候杀出一条血路了

有时候，某种情境需要你去证明有机会实现的事，请不要退缩。

团队讨论似乎在原地打转。你陷入了无休止的拖延。你知道需要一些改变，并且很清楚下一步正确的行动是什么。你决定，现在是时候大胆地开辟一条你愿意领衔实践的未来之路了。你把犹豫抛到一边，因为你知道，如果想要其他人也追随你，你必须提出一个令人充满信心的方法。

本先生一直在研究一个停滞不前的项目。由于种种原因，项目进展缓慢，耗尽了团队的精力，也摧毁了队员的意志。大家总是有理由再三拖延。于是，本先生花了一些时间与同事们讨论个人问题。他意识到，他需要更清楚地宣讲完成项目所带来的好处。他需要为该项目开辟一条可供他人效仿的道路。

思考时刻

♦ 当团队陷入困境时，你如何大力倡导未来可期的理念呢？

♦ 你什么时候才能亲身体验并举例说明某个特定方法的好处呢？

♦ 你怎样才能更好地应对可能阻碍你的事情呢？

⟨11⟩ 潮水有涨落，人生有盛衰

无论当前的力量多么强大，都可能会随着时间的推移而减弱。

当海浪拍打着海滩时，无情的水流似乎永无止境，但随后，貌似势不可挡地冲向海滩的水流却戛然而止。有时，推动某一特定方向的决定力量似乎坚不可摧，随后，拥护某一特定方法的支持力量就会消退，你很高兴自己坚持了下来，没有被明显难以承受的压力压垮。

本先生承受了很大的压力，因为他不得不接手一个额外的项目。本先生觉得，承担额外的任务会让他的团队不堪重负，并削弱他们完成关键任务的能力。本先生推测，如果他不草率地做出决定且采取行动，那么，承担这个项目的压力就会减轻。本先生提醒人们，这项关键任务对组织的成功至关重要，渐渐地，这项新任务的压力开始消退了。

思考时刻

♦ 你如何评估某种看似难以承受的压力是否会只持续一段时间？

♦ 当你判断某一压力总会消退时，拖延对你有益吗？

♦ 你认为自己什么时候需要迅速攀登高峰，以免被强大的压力压垮呢？

⑫ 三思而后行

你要清楚自己行为的后果，以免等你看到后果时被惊吓到。

你要知道该说什么、该做什么。你已经考虑过不同的论点和论据，不想在下一步的行动上犹豫不决，但你认识到，你需要在行动之前考虑一些后果。不同的人会有怎样的反应？你认为下一步该说或该做的事情会产生怎样的连锁反应？这感觉就像是在黑暗中跳跃，实属冒险之举，但你想尽量判断自己是脚踏实地还是深陷泥潭。

本先生找到了一种特定类型的分析方法，可以探索如何让其中一个团队更有效地工作。本先生需要观察其他组织如何成功地采用该方法，以及他自己的队员有怎样的潜在反应，从而依据证据得出结论。本先生知道，他需要清晰地说出变革方法的利益和后果，才能让他的员工欣然接受他的主张。

思考时刻

♦ 你希望从一个特定的行动中得到什么结果？

♦ 你如何揣摩员工们当下反应的言外之意？

♦ 什么能让你越过当下的反应而看得更远呢？

⑬ 万丈高楼平地起

你值得投入一些时间和精力，去开发一些能够产生高效且可持续性成果的初始方案。

你已经投入时间去开发一个看似微不足道且潜在利益微薄的创意或主张，你也意识到，一个经过检验并开始得到各界人士支持的主张，可能会变成一个值得借鉴的办法并日益为人们所接受。但你需要时间来预测这一有待评估的主张即将产生的结果。

本先生有时候会不耐烦。他希望自己的想法能够激发想象力，并得到投资和坚定不移的支持。他意识到，做决定从来都不是件容易的事。他需要确保自己对未来工作的主张得以充分延展，并且能够激发同事们去憧憬时间和精力的投入所带来的好处。他想要证明自己的主张是多么有效，以及随之而来的利益是多么可观。

思考时刻

♦ 你认为哪些创意颇有潜力，值得你认真揣摩？

♦ 你如何给自己一点空间去看看哪些小步骤可能发展成壮举？

♦ 你如何更好地保持耐心去努力激发不同人对潜在事物的想象力？

⑭ 懦夫永远得不到美女青睐

有时，你需要大胆地争取关键人物的信任和支持。

你什么时候会变得模棱两可、自相矛盾，甚至麻木不仁？你什么时候才能抛开疑虑和恐惧，大胆地提出自己的行动方针呢？有时候，你需要退缩，并重新考虑；有时候，你需要勇往直前，为自己辩护；有时候，你知道自己会受到批评，但如果你不采取行动，就会错失良机。

本先生原本不经常和他的女老板打交道，他的女老板一直被各种各样的压力所困扰，因为总有更重要的事情等着她去处理。本先生在等待时机，直到有机会与这位女老板进行一次简短的谈话。他知道，激发她的想象力从来都不是件容易的事，但现在是大胆倡议这项投资的时候了，这个时候可不能胆怯。本先生说出了自己的想法，也得到了良好的倾听，接下来就看他的话语有没有说服力了。

思考时刻

♦ 什么时候你胆小得有点儿离谱？

♦ 是什么使你从懦夫变为大胆的提倡者？

♦ 什么样的心态能让你变得更勇敢而不是胆怯不前？

⑮ 失之毫厘，谬以千里

"差点儿得手"就是不成功，要接受这一点，你得实事求是。

生活的残酷现实是，如果你申请了一份工作，但没有得到，你就是没有成功。通常生活中没有安慰奖，你要么赢，要么输。当我们没有得到自己所期待的结果时，我们需要泰然自若。我们可以承认并正视自己错过了自己所期待的结果，但随后需要继续前进，并且应该认识到，我们会有时成功、有时失败，但这通常与我们的素质以及我们为任务所做的准备无关。

本先生意识到他的项目一个都没有成功。他能够从团队学习的角度来解释这种失望情绪。他想要阐明这种失败也不全是坏处，但他知道，他不应该在项目的整体成功或失败方面自欺欺人。

思考时刻

♦ 你如何更好地接受相对失败，并向自己和他人承认这一点？

♦ 你如何更好地平衡项目的相对失败与实验产生的好处？

♦ 什么时候你可能会欺骗自己，把失败视为成功呢？

⟨16⟩ 需求是发明之母

人类的需求带来了解决问题的创新思维和创造性方法。

最巨大的变革通常发生在别无选择的时候，那时只能求助于创新思维和团队合作。科学和技术的发展往往在战争时期最为重要，因为当时必须迅速设计和制造新的装备。

本先生从他的老板那里得到了一个非常明确的信息，那就是他们公司的财务生存能力取决于能否在一个特别棘手的问题上找到突破口。本先生意识到，他需要授权他最优秀的员工来解决这个问题，并授意他们发挥创造性，努力以不同的方式看待这个问题，努力找到可行的解决方法。

思考时刻

♦ 是什么激发出了你的员工的创造力？

♦ 你如何创造一种紧迫感以激励同事进入创新模式？

♦ 你认为需求是发明之母的最佳案例是什么？

⑰ 孤燕不成夏

早期的迹象总是有用的，但不能保证成功。

我们期待大家的鼓励，也欣然接受那些表明事情正在取得进展的早期迹象。一个鼓励的声音可以让我们精神振奋。风险在于，一方面，我们过多地考虑了个别的言论，可能不会赢得更广泛的响应；另一方面，个别的肯定意见可以给我们指示，表明我们正在取得进展，也理所当然预示着一个成功的前景。

本先生一直在寻找他的项目能否获得批准的迹象。他意识到，有些人为了让他开心，总是在一开始就对他说好话。他还意识到，还有些人需要更多的证据才能确认他的措施是否可行。他很明智，既认识到自己已经达到的里程碑，同时也认识到自己需要的持续进展。对他来说，重要的是找出进展的阶段性指标，并在此基础上再接再厉，而不必太在意是否可以达到长期的成功目标。

思考时刻

♦ 你最期待的进步迹象是什么？

♦ 你如何确定取得进步，而不是企求必然成功？

♦ 你如何保证不会浪费太多时间去寻找第一个成功机会呢？

⑱ 不要与你的自负打心理战

当自负的战争打响的时候，你最好做个旁观者。

有些人喜欢自己的观点，总希望自己是对的。把两个同样自负的人放在同一个团队中，可能会导致争端，除非给他俩约定明确的行为守则。当这俩人在争吵时，你可能不想夹在中间，而是明智地等待，直到他们自行解决问题，抑或等到你可以采取和解的方式或从另一个方向进行干预。

本先生发现，当他与同事意见不合时，争论的过程令他筋疲力尽。他也目睹了公司中级别更高者在试图解决棘手问题时，变得越来越情绪化。本先生意识到，他需要等待他们厌倦争论，如此，他便有机会提出一个早期不受待见的前进方向。

思考时刻

◆ 你的自负什么时候会妨碍团队达成共识？

◆ 如果两个自负的人争执不下，你会怎么处理？

◆ 当你觉得自己找到了正确答案时，你会如何调整自己的方法呢？

⑲ 一环薄弱，全局必垮

如果你的企业稳固性有一丁点儿不达标，那么，整个企业的声誉就会受到损害。

你的组织有哪些部门是强健的，且能够应对外部冲击？有人意外缺席时，你的员工是否准备好了取代缺席者的位置并确保工作的可持续性？你很有必要对该组织的不同部门进行压力测试，以便勾勒出一幅标明弹性布局和薄弱环节的图示。

本先生意识到，他需要密切关注他的团队中每个成员的弹性适应能力。他意识到，当出现缺勤的、新任命的或专注于未来机会而非当前职位的在职人员时，组织的弹性将会变低。本先生将对该组织中每个部门的弹性进行评分，并将他的个人评估结果记录下来，满分为10分。这份记录就是一份温馨提示，让他知道他需要把注意力集中在哪里。

思考时刻

◆ 你用什么来区分薄弱环节和牢固环节？

◆ 你应该在解决薄弱环节上投入多少时间？

◆ 你的组织有多大的弹性适应能力，某个领域的薄弱环节可以通过另一个领域的强大投入得以解决吗？

⟨20⟩ 千里之行，始于足下

一旦迈出了第一步，你就踏上了千里迢迢的漫漫前进之路。

第一步往往是最难迈出的一步。这时，你已经权衡了一个特定行动的利弊，你很清楚你正在朝着正确的方向前进。当你迈出第一步时，你会感到不安，但同时也相信你能取得可持续的进步。你进入一种节奏，且享受最初的进步，但同时意识到还有很长的一段路要走。所幸，看似遥不可及的事情开始变得有望实现。

本先生仔细权衡了他的团队是否有能力承担一个大型的长期项目。他在调拨队员执行一个需要好几个星期才能完成的项目之前，一直在与未知的风险做斗争。他知道自己需要停止拖延，早日做出决定，并开始行动。一旦成功地迈出了第一步，他就有把握取得全面成功。

思考时刻

♦ 把一个项目看作一系列可行的小步骤，对你有多大帮助？

♦ 当目标还很遥远的时候，是什么帮助你迈出了第一步？

♦ 你乐于接受一个需要采取多个小步骤才能实现的长期目标吗？

㉑ 一幅图画，胜过千言万语

许多人喜欢看图片而不是读文字，这样可以更加有效地吸收和记住创意。

当你阅读一张写满文字的纸时，你的眼神会变得呆滞，而一幅表或图画会吸引你的想象力，让你领悟一大堆文字试图阐明的概念。表格可以显示出不同因素之间的联系，而这些联系需要很多文字来解释。一幅图画可以唤起一种情感，而这种情感可以概括你想要传达的信息。顺便问一声，什么样的表格或图画可以准确传达信息呢？

本先生想要努力陈述一项特定计划的结果。对一些人来说，文字描述是可以的，但他特别需要某些人的特别支持，所以要激发他们的想象力。他创建了一张简单的表格来说明项目最终将如何运行。他想，这张表格是不是过于简单？要不要配图说明已取得的项目成果？于是他决定"耍点儿小花招"，插入了一幅"众人笑脸图"。

思考时刻

♦ 什么时候一幅图画或表格能让你相信某个倡议行动是正确的？

♦ 当你写文本的时候，是不是会考虑一下文本中可以插入什么样的图表或图画？

♦ 什么时候插入一幅图画反而会破坏一项倡议？

㉒ 不要杀鸡取卵

名利主义兼现实主义至上的人更喜欢稳定，他们会坚持从事枯燥的工作，而不是去追求新鲜有趣的事情。

对新事物的追求可能意味着，老牌产品和服务带来的稳定性和财务收入可能被低估。在任何企业中都值得思考一下，是什么不断地产生需要增长的重要收入来源？哪些人是慈善机构的核心资助者？哪些人是产品和服务的经常购买者？哪些人需要得到认可，而不是被视为无关人员或落后分子而遭到解雇？

本先生意识到，他的一些员工为客户做有价值的日常工作，却冒着自己的努力被他忽视的风险。他需要不断提醒自己，他们创造了稳定的资金来源，以方便其他人采取新的举措。当公司高层质疑日常工作是否为公司增加了业绩时，本先生苦口婆心地指出，这种日常工作带来的收入来源提供了核心的稳定性，使新的创意可以在其他地方得到推广。

思考时刻

♦ 你的企业里哪些部门有被低估的风险？

♦ 你如何将对特定领域的关注与其产生的收入来源联系起来？

♦ 你需要谁来定期确认谁在为你的企业提供日常工作和基础贡献？

㉓ 鼻尖之外，海阔天空

我们只关注眼前的问题，总会有风险相伴。

我们的头脑中可能充满了由于短期压力和权宜之计而产生的日常期望和情绪。我们对未来的憧憬被排挤出局，永远没有足够的时间来考虑行动的长期后果。我们任由强势者主导我们的事务议程，因此可能对我们正在影响他人的长期态度和行为变化视而不见。然而，当我们放眼未来的时候，就会看到前方的波折与起伏，并为此做出更好的准备。

本先生觉得他一直在和财务部门做斗争，财务部门想要短期的投资回报。他必须不断地重复解释说，这些项目致力于长期的发展变化，长期将带来良好的经济回报。有时候，他的同事们似乎很少认识到一个好的项目实施的必要性，不过，本先生还是克制住了自己的急躁情绪。

思考时刻

♦ 你如何更好地留出时间来思考你行为的长期后果？

♦ 你最好找谁一起详谈这些长期后果？

♦ 当你只关注短期效果的时候，你如何更好地保持耐心呢？

24 眼前小事挤跑了重要大事

我们可能为了交付眼前的任务而拼命劳作。

电子邮件源源不断地涌入收件箱，我们觉得有责任回复。没完没了的即时反应占据了我们的时间，我们陷入了时间的旋涡。也许在一周或一天中的某些时刻，我们可以后退一步，反思我们需要关注的重要任务，而不是眼前的事情。在每周开始的时候，我们可以对本周事务进行分类和等级划分，并投入一些时间来加以处理，这意味着我们要从人们的视线中消失一阵子，但这样做也许很有用。

本先生总是被人追着去解决眼前的问题。他会玩消失，抽出时间去处理一些紧急而重要的议题，同时，总是确保部门有人随时应要求提供清晰的简报，以便筛选出真正迫在眉睫的事情和可以与其他优先事项齐头并进的事情。

思考时刻

- ◆ 你如何确保在短期目标和长期目标之间取得平衡？
- ◆ 什么能帮助你从眼前的事情中筛选出重要的事情，并给予足够的时间和精力去完成？
- ◆ 什么时候你才能抽身去专注于重要的事情呢？

价　值

你的价值决定我对你的估值

㉕ 希望之泉永不止息

我们要心存希望，总是期待未来会有更好的事情发生。

即使在你最沮丧的时候，你仍然有心情去期待生活可以变得更好吗？走出最黑暗的时期，机遇就会出现在你的眼前。即使当前的形势令人感到可怕和无情，但希望让我们仍能继续前进。也许我们可以从他人的脸上看到希望，或者从别人度过艰难时期的经历中汲取经验，这些人能够在不断的挫折中坚定自己的决心。如果没有任何希望，我们就会陷入绝望的泥潭。

吉莉安是一个员工协会的高级成员，该协会代表了高级职员群体。她充满激情地认为，如果仔细考虑员工的意见，组织就会运转得更有效率。但她经常感觉到，她试图影响的组织中的高级管理层正在把她拒之门外。让她坚持下去的是一个热烈的信念：她坚信她需要倾听员工的声音并为他们发声。当她感到被管理层忽视时，她知道她必须保持快乐和积极的心态。

思考时刻

♦ 在什么时候希望的感觉能让你继续前行？

♦ 当你被拒之门外时，怎样才能保持对希望的坚定信念呢？

♦ 希望的感觉是如何让你保持理性的？

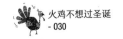
26 真险，差一点儿就玩完

有时，我们必须意识到，我们正接近一个潜在的危险局面。

有时候，我们会挑战极限，去论述一个未必能得到他人支持的事实。我们会在没有得到关键人物完全支持的情况下做出决定，并准备在没有征求许可的情况下请求原谅。我们进入一场谈判，可能做出了超越老板期望的让步。我们意识到自己可能会受到批评，但也会慎重地行使自己的判断权。

当吉莉安与老板谈判时，她常常感到自己处于暴露的位置。她既要平衡她所代表的成员们的利益，又要寻求一个务实的结果。有时候，她知道自己会招致队员们的愤怒，有时老板会认为她应该完成更多的任务。吉莉安意识到她正在权衡利弊，且必须保持警惕，因为她可能无法获得她需要的支持或无法实现她曾暗示可能实现的目标。她感觉自己貌似在反复体验"差一点儿就玩完"历险记。

思考时刻

- 你愿意在谈判中打破多少界限？

- 在什么时候你愿意去请求原谅而不是许可？

- 当别人批评你没有达成他们想要的结果时，你是如何尽力处理的？

㉗ 人生无完美，曲折亦风景

争论可能使人原地踏步走，而不会继续前行。

有时你会觉得，争论就是原地循环，没有进展。争论让人们频频陷入辩论旋涡，也许他们肩负着不同的责任，但提出的是相同的论点，这使得事情似乎没有取得什么进展。什么时候你会努力加快迂回辩论的速度，摆脱迂回辩论法，或者努力说服其他人相信，无休止的绕圈圈说话不会有任何进展？有时我们不得不接受这样的观点，即循环争论需要持续下去，直到参与者筋疲力尽或获得重要的新信息。

吉莉安意识到，她很可能会听到老板们反复提出同样的理由来反对为员工增加弹性的工作安排。不同的人事专员来到现场，重复同样的观点。吉莉安坚持不懈地寻找弹性福利对组织和员工都有好处的例子，并明智地举例说明如何去努力克服极其保守的禁忌。她不再受消极论点的循环影响，还渐渐能够展示成功的范例。

思考时刻

♦ 你能对不断重复的相同观点保持耐心的微笑吗？

♦ 什么时候你能用新证据来打破这种循环争论的局面？

♦ 你如何与他人合作来打破循环争论的局面？

28 有些事可以先放一放

如果一个观点没有被人提出来，这通常意味着，它没有你最初想象的那么重要。

有时候，一件一直困扰着你的事情会悄然消失。也许问题已经得到解决，或者参与者们认为，这并不像他们之前暗示的那样重要。先前的优先事项往往会被新的当务之急所覆盖。我们有必要回顾一下，为什么以前被视为有争议的某个特定问题现在却没有成为热点？如此，可以为将来更重要的事情提供很好的洞察力。

吉莉安意识到，有些问题需要持续关注，但有些问题，可能今天还很重要，第二天却消失于视野中。当她和不同的成员交谈时，既注意已提出的问题，也留意未提出的问题。如果她随后提出了那个未提出的问题，她通常会被告知，这仍然是一个优先事项，但避而不谈也是一种良好的优先缓急之策。

思考时刻

♦ 观察哪些话题没有引起关注，对你有多大帮助？

♦ 你会让大家讨论多久，才能判断一个问题是需要持续关注还是任由其稍纵即逝？

♦ 在什么时候你会不知不觉地忘记一件曾经非常重要的事情？

㉙ 提防一点也无妨

通常，你值得对某些想法和相互关系的发展模式保持警惕。

通过观察会议中发生的事情，或者谈判中不同环节的执行方法，你会有多大的收获？我们从观察和实践中学到的东西一样多。观察人们在会议中的互动情景，可能非常具有启发性，因为你要注意在适当的时候插话。此外，保持开放的心态去面对意想不到的事情，是保持警惕的关键。

吉莉安训练自己去仔细观察人们的身体和情绪反应。她能感觉到，什么时候听到了妙语连珠，什么时候听到了标准台词。当她可以提出倡议时，她就会一直关注，因为这个倡议现已达到对她所在的组织来说很重要的地位。有些时候，吉莉安会突然提出一个非常明确的建议，但大多数时候，吉莉安都在认真倾听，然后准备好有分寸地介入。

思考时刻

♦ 是什么让你能够仔细观察会议中的细节？

♦ 当你与他人交往时，什么会妨碍你保持警惕？

♦ 当你介入时，什么能帮助你把握正确的时机？

㉚ 搞清楚什么时候保持距离

有时候，保持独立性是关键，这样你就不会受制于任何特定的观点。

可能有人在征求你的意见，所以可能有人认为你会支持某个特定的主张。你可能与一位同事结盟，他希望你支持他们提出的方法。你意识到有必要迅速做出决定，但在充分考虑论据之前，务必不要过早下结论。

通常，某些组员会游说吉莉安去支持他们的事业。通常，她会诚服于他们的事业，并毫不含糊地加以支持。但有时，吉莉安意识到某个组员提出的特殊请求并不能令人信服。在那些情况下，吉莉安会明智地使用语言的力量去阐述利弊，而不是用她的个人资本来支持一份她还没有完全信服的事业。

思考时刻

♦ 请注意，很少会有人把你和你不完全认同的观点联系在一起。

♦ 如果你认为需要新的论据来充分说明下一步措施，请准备好轻松接受某个特定的观点。

♦ 跟随你的直觉去感受：你将自己与某个特定的方法联系得有多紧密？

㉛ 触目惊心的存在却被明目张胆地忽略

有些时候，存在的问题太难处理，而且没有人提及。

通常，一群人可以轻而易举地绕过一个障碍，只要这个障碍的存在不被提及。障碍可能是某个人的固定观点、某些人永远不会接受其结果的假设或者某个貌似难以解决的财务问题。除非这个障碍被人提及并得以解决，否则永远不会有什么进展。

吉莉安是一个诚实又能干的谈判者，也颇有知名度，因为她深思熟虑地指出了一种阻碍谈判进展的观念或具有历史意义的考量。吉莉安还推陈出新，用一种慎重却敏感的方式去挖掘一个难题。吉莉安的技巧在于她并不想表达责备，而是实事求是地审视障碍和阻碍因素，并力求公开讨论取得进展的机会。

思考时刻

◆ 在什么时候反思一下影响行为和决策的未知问题，会对你有帮助呢？

◆ 你如何让每个人都注意到影响着大家的态度却未被提及的事实呢？

◆ 在什么时候最好的办法是绕过障碍并接受现在尚未提及却存在的事实？

㉜ 捐弃前嫌，言归于好

有些时候，我们需要从分歧的痛苦中走出来，找到建设性的未来之路。

你可能和一个同事发生了激烈的争执。你觉得他们误导性地使用了证据，损害了你们的工作关系。你觉得信任被侵蚀了，但你知道你们必须继续合作下去。怨恨情绪是无益的，而且会耽误事。你意识到你们必须不断前进，建立一种具有建设性且向前发展的关系。于是，你确定了需要与这位同事合作的若干问题。

吉莉安意识到，在某些情况下，如果管理层不听，她就不得不强行表达自己的观点。她的组员希望她思路清晰，说话直接且有力度。她也明白与管理层保持积极的关系是多么重要，并将与这些人进行持续对话。吉莉安知道，她必须把这些关系保持在职业空间之内。她必须忽略被人曲解或误解的感受。

思考时刻

♦ 什么能帮助你大胆地提醒大家注意那些令人不安的事实？

♦ 使用和解的语言说话，对你有多大帮助？

♦ 什么能帮助你和那些与你有着根本分歧的人建立建设性的关系？

㉝ 划清界限，明确拒绝

有些时候，拒绝是正确的选择。

当你被不断地推向一个特定的方向时，你的耐心可能会耗尽，你需要明确地表示，你已经走到了一场讨论或谈判的尽头。你可能会遭遇这样的问题，即有人要求你以一种你认为是歪曲事实的方式来陈述某些事情，而你认为，在特定情况下明确拒绝是正确的。

吉莉安知道，她必须为她的组员提出的案例辩护，但有时，她觉得有必要向她的组员表明，某个案例太薄弱，不值得提交给管理层讨论。吉莉安需要在经理和员工之间建立信任，幸运的是，他们都认识到，如果她认为一个论点是站不住脚的和没有事实依据的，她就会划清界限，明确拒绝。

思考时刻

♦ 如果有人强迫你采取你不同意的措施，你会如何坚持自己的
  立场？

♦ 什么可以帮你既忠于自己的立场又能权衡不同的观点？

♦ 在需要划清界限的情况下，什么能帮助你渡过难关？

㉞ 直面困难，接受应得的惩罚

有些时候，你必须承认，你需要对某个错误负责，然后勇敢面对后果。

你出于好意做出了一个决定。你曾试图仔细权衡证据，但事态发展意味着预期的结果没有发生，你也没有实现自己的期望。也许你的行动过于仓促，或者没有考虑到可能影响你视角的关键因素。你对自己的所作所为和所犯的错误很坦诚，对自己学习成长的认识也很明确。你承认会有一些批评在等着你，但这就是生活呀。

吉莉安意识到，她的组员有时很情绪化。有时候，他们觉得她让他们失望了，因为她没有得到他们认为应该得到的结果。她意识到，这些批评性的评论表达了他们对当前形势的失望，且不能衡量她是否能有效地完成工作。但是，当她遭遇一连串的负面评论时，可能会感到很难堪。

思考时刻

♦ 当事情在你的监督下出了差错，你愿意承担责任吗？

♦ 什么能帮你渡过难关并承担起责任？

♦ 当有人指责你的失败时，你如何竭力保持真实的自我？

35 不要浪费危机带来的机会

当危机发生时，总是会阴差阳错地加快变革的步伐。

当你处于一场明显的危机之中时，总是值得尝试退后一步，反思一下正在发生的事情，看看危机造成的混乱是否会带来机遇。以前的工作实践以一种从未被人认可和接受的方式迅速地改变了。一场危机可能意味着，曾经彼此不和的人之间现在要以坦率的方式进行对话。一场危机可能意味着一股新的能量爆发，可以解决看似毫无办法的难题。

吉莉安很享受危机感。她思维敏捷，能够感觉到何时有机会与以前难以相处的经理们一起工作。某一特定领域的财政削减，必然意味着管理层不得不就部署问题和可能发生的裁员问题做出艰难的决定。吉莉安知道，这些时候，经理们可能更愿意改变工作惯例，以作为整体交易或全面认识的一部分。无论危机局势变得多么困难，吉莉安都会一直对各种可能性保持警惕。

思考时刻

♦ 在危机中，你如何才能抽出时间去思考危机带来的机遇？

♦ 当发生危机时，你首先会考虑到哪些权衡和取舍？

♦ 你能让自己享受危机感吗？

36 不要以五十步笑百步

你的失败就是你的失败，请不要把自己的失败归咎于他人。

如果我们没有完成自己期望的全部工作，我们常常会原谅自己；如果别人没有完成某个领域的局部工作，我们却常常斤斤计较。我们可以看到别人的缺点，却忽视了自己也有相同的缺点。我们认为某人在会议上说得太多，可我们也喜欢对每个项目都贡献自己的力量。我们可能会忽视自己无意中激怒了他人，也不在意如何从信任他人的反馈中获益，以便更容易地调整自己的干预方案。

吉莉安经常认为，某些与她谈判的人固执己见，心胸狭窄，喜欢把他们自己当作适应性行为的典范，还自以为乐于灵活寻找建设性的未来之路。然而，她意识到，当她想要描述一个人固执己见时，必须小心谨慎地表达，因为她注意到同样的批评也可能指向她自己。为了缓和局势，她会公开承认，有时候有人认为她固执己见。

思考时刻

- 在什么时候你可能会批评别人在犯你也犯过的错？
- 你如何得到有益的反馈，让你意识到你也曾采用了双重标准？
- 你如何消除评论的个性化，使它们成为公正的意见，而不是个人攻击？

㊲ 两只耳朵一张嘴，多听少说

你倾听的时间长于说话的时间，但这样做是值得的。

积极的倾听包括聆听话语、观察情绪和识别不同关注点之间潜在的互动。优秀的领导者通常善于倾听，并根据自己听到的信息来完善自己的想法。我们的措辞要精心挑选，以便更好地引导对话、探得信息并达成一致意见。我们与信任的人交谈时，务必倾听对方的想法，从而不断地提高自己的理解能力。倾听的关键点是潜在的问题和情绪，而不仅仅是目前陈述的问题。

吉莉安意识到，在确定与管理层谈判的立场之前，她需要了解很多人的不同观点。她需要认真倾听即将与之谈判的经理们的意见，以便洞悉他们关于优先事项的有意动机或无意信号。她试图把自己的发言集中于关键问题和关注焦点，这样有助于引导讨论而不是支配讨论。

思考时刻

♦ 你怎样才能更积极地倾听？

♦ 在什么时候你会提出一个问题而不是给出一个明确的观点？

♦ 你如何针对管理层关于优先事项的意见来区分有意动机和无意信号？

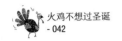
38 不愿倾听意见者最聋

提防那些坚决不听或拒绝考虑别人意见的人。

有些同事可能貌似在倾听，但你需要了解他们到底听到了多少。你说话的时候，他们会在该点头的时候点点头。你试着询问他们对你的发言有什么看法，以便弄清楚他们的反应。你很快就能感觉到，你得到的是不是陈词滥调的回应，或者他们是不是融入了你表达的关注点。你寻找一个连接点，然后等着看他们脸上是否绽放着活力。

吉莉安习惯了与她交往的人脸上的呆滞表情或礼貌性的微笑。吉莉安意识到，她必须从一个共同的兴趣点开始，以便与对方建立融洽的关系和交流，然后达成心愿——她特别希望双方谈判人员都能认真倾听并给予考量。每次开会之前，吉莉安都会问自己："我需要如何表达自己的观点，以确保对方愿意倾听并给予考量呢？"

思考时刻

♦ 如何更好地评估一个人是不是在倾听并听进去了呢？

♦ 什么会帮助你吸引想要接触的人的兴趣？

♦ 谁能帮你在充满麻烦的处境中进行良性沟通和有效倾听呢？

㊴ 说话之前先过过脑子

小心，不要让你说的话与大脑想要传达的信息不一致。

有时候，大脑又活跃又兴奋，可以建立很多良好的联系，嘴巴却因为缺乏信心或机会而紧闭。有时候，我们想到点儿什么，就会话如泉涌却语无伦次。我们可能需要在知道大脑的想法之前先仔细研究问题。我们在探索想法时，要警惕我们传递给他人的信号。有时候，我们需要闭嘴，让大脑在我们说话之前进行思考。

吉莉安意识到，与她打交道的人经常会说话不过脑子，而且说了好久才醒过神来。同时她也意识到，当她弄清楚自己对某个问题的真正想法时，也可以使用同样的技巧，也就是说话之前先过过脑子。那些能够将嘴里说出的话语和脑中产生的想法保持一致的人，会给吉莉安留下深刻的印象。

思考时刻

♦ 什么时候你需要不停地说话才能弄清你大脑里的想法呢？

♦ 你可以用哪些方法让你的大脑放慢速度，让你的语言赶上你的思维呢？

♦ 当别人口是心非的时候，你需要付出多大的忍耐力呢？

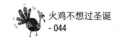
40 无火不起烟，无风不起浪

当骚乱发生时，总是值得去寻找原因。

职场中如果出了错，我们的反应可能是"应该怪谁"。我们可能会假设，出错的初始迹象表明整个企业存在缺陷。当我们深入研究时可能会发现，有效的做法就是预先警告可能发生的错误，但是，导致错误的诱因可能不是根本问题。

吉莉安总是认真对待组员个人所表达的担忧。当他们发表评论时，总会有理由的。她认识到，有时理由是重要的，有时理由是随机和偶然的。吉莉安知道，她需要与信任的人形成三角形般稳定的关系，以便一起评估是否存在重大和潜在的问题。

思考时刻

♦ 当你看到出错的迹象时，是否可以不抱成见地去评估原因？

♦ 是什么阻止你在评估出错的原因之前急于批评？

♦ 当你看到出错的迹象时，你的干预会来得太快还是太慢呢？

㊶ 一朝被蛇咬，十年怕井绳

当你感到被曲解时，一种天生的警惕感就会油然而生。

刚开始的时候，你心中的信任值是很高的，渐渐地，信任变得支离破碎。当有人利用你提供的数据来达到他们自己的目的或扭曲误传你所说的话时，你会感到受伤和失望。你开始小心翼翼地对待他们，关于你对他们说什么话以及你如何与他们打交道的问题，你都会慎之又慎。当你需要继续与那些让你失望的人打交道时，你可能会过于退缩，并力求将你被曲解或被等闲视之的风险降至最低。

关于可以信任谁的观点和承诺，以及需要提防谁的问题，吉莉安逐步建立了自己的视角。有时候，组员们不敢将全部真相如实汇报给吉莉安，而经理们想维护自己的地位，也会尽量抑制吉莉安的影响力。当吉莉安觉得自己的信任被辜负时，她需要将其视为参考数据来影响自己与他人的相处模式，而不是对他人的行为感到不满。

思考时刻

- ♦ 如果你觉得有人曲解了你，你会怎么回应？
- ♦ 当你感到失望时，你如何确保自己继续以建设性的方式参与？
- ♦ 你在什么时候会刻意退出并等待良机呢？

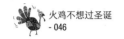
㊷ 不表态就是默许

请注意，有人会认为，你不发表意见就意味着同意。

在一个电子邮件快速传输的世界里，不发表意见可能就意味着赞许。通常，我们需要直接与人交谈，了解他们的思维方式是否与我们一致，并收集他们的观点，看看是否需要为我们所看好的未来指明方向。在任何群体中都需要有一种公认模式，让大家表达保留意见或要求更多的时间去反思和评论。

经理们通常会认为，如果吉莉安没有立即做出回应，那就意味着她默许他们的前进方向。吉莉安了解到，当她有想法时，当她表示支持时，当需要进一步的证据和澄清时，她需要深思熟虑才能做出一个明确的决定。她通常在会议结束时列出她已经同意的事项，并记下她的进一步打算，以免有人将她的沉默视为同意。

思考时刻

♦ 当你的沉默可能被曲解为同意的时候，务必要小心谨慎。

♦ 你要了解决策是在哪里做出的，以免回复电子邮件时的沉默被误解。

♦ 如果你不立即回复电子邮件，就得想办法打消对方假设你同意的念头。

㊸ 你不必打破沉默

保持沉默可以让你和其他人一起认真思考某个问题。

没有什么比一直说话的人更让人恼火了。结果，其他人会感到无聊，或者，他们会觉得有必要介入一下，并以同样冗长的篇幅谈天论地。刺耳的声响遍四周，事情却毫无进展。一个合格的主持人会放慢会议的速度，让人们有时间反思和沉默。沉默可以创造黄金时刻，让我们对于未来之路的思索更加清晰。

吉莉安意识到，沉默是她谈判方式的重要组成部分。但在焦虑时刻，她感觉自己忍不住想要打破沉默。随着时间的推移，她意识到，最好的做法就是在发表评论或提问后留下一段时间的空当，让大家安静片刻，等待其他人来打破沉默。当吉莉安保持沉默的时间足够长，以至于其他人感到有义务开辟出一条未来之路时，常常可以打破僵局将谈判进行下去。

思考时刻

♦ 当你保持沉默，等待别人先发表意见的时候，你有多舒服呢？

♦ 你的沉默什么时候可以让与你接洽的人取得突破性认识呢？

♦ 你如何培养自己的直觉，学会在关键时刻表达自己的意见呢？

⟨44⟩ 少说为妙，多说反而坏事

有时，当情绪反应非常强烈时，不发表评论是明智的做法。

我们都见识过这样的窘境：在盛怒之下说出了一些本不该说的事情。情绪化反应会引发更多的情绪化反应，轻微的分歧会升级为重大的争执。愤怒中所说的话是无法收回的。话语造成的伤害往往是永久性的，导致的情感裂痕也是无法弥补的。一时冲动说出来的话，其破坏性影响比你想象的要大得多。

吉莉安觉得，她需要不断地缓和自己的言论，并着眼于维持长期的工作关系。她一直坚定着自己的首要目标，那就是确保在关键谈判中取得重大进展，同时她认识到，其他人在情绪激动时所说的话为她提供了关于焦虑观点的有用数据，但通常无须她立即回应。她意识到，她需要小心谨慎，不能因为情绪激动而妄自评论，免得日后后悔。

思考时刻

♦ 生气时，你该如何克制自己？

♦ 是什么让你忍住不做出你认为完全合理的反应？

♦ 什么能让你专注于长期的关系，而不是某个特定的事件？

㊺ 纸包不住火，真相终将大白

任何情况下的真相最终都会浮出水面。

你感觉到所有的证据都不可靠。你试图找出很多人的不同观点，不急于对特定情况下的真相下结论。你坚信，随着时间的推移，更多的证据将变得清晰，让铁一般的事实以一种更连贯的方式呈现出来。你意识到，你必须接受部分信息，且相信你所做的决定将被视为你在没有全面证据的情况下所能做出的最佳决定。

吉莉安觉得，她所代表的组员和她的经理们一再告诉她的都是片面的事实。她所听到的是失控的分歧和争论。她试图把重点放在导致分歧或争执的关键事实上。她训练自己用法医般的视角和方法来区分事实和情感。

思考时刻

♦ 你有多乐意从证据出发，而不是去感知哪里出了问题？

♦ 你如何在任何情况下与他人建立伙伴关系，以寻求客观真相？

♦ 你什么时候会对问题的根本原因视而不见？

㊻ 一个真相，多个维度

看清现实的方式总是多种多样。

当某种观点被一个人视为真理的东西，也可能会被另一个人视为偏见。我们总是在根据自己的经验和个人参考框架来看待每一种情况。有时候，我们对现实的感知有助于我们专注于最需要做的事情，但过度的专注意味着我们会对不同的现实观点视而不见。从不同的角度来看待世界，通常对我们自己有所帮助。

吉莉安敏锐地意识到，对一个人来说无可辩驳的事实，却可能被另一个人视为臆测；对组员来说是不言而喻的事实，却被管理者视为狭隘和孤立的观点。她经常对她的组员说，重要的是要从那些关注组织未来的人的角度看待问题。她知道，对于某些人强烈持有的观点，她必须尽可能轻松地接受，因为那些人总是受制于他们自己所处的个人环境。

思考时刻

♦ 你如何在从自己的角度看待问题时也能兼顾别人的角度？

♦ 如果遇到一场很艰难的谈判，谁能帮助你理解不同的认知？

♦ 在什么情况下，你相信真相只有一个？

47 不要动不动就大动肝火

对某个问题的强烈感受会带给我们能量，但也会影响我们的判断。

当我们对一个问题产生强烈的感受，却没有被认真对待时，我们的内心会萌生挫败感。我们想要对一个主题发表激烈言论或文字来表达这种挫败感。我们面临的风险是愤怒而不是理解，是强势而不是谨慎。愤怒的感觉可以敦促你做出改变的决定。重要的是，我们如何聚焦愤怒，以便选择能够产生最大影响的词汇和语境。

吉莉安发现，当她发现严重的误解或错误的操纵时，她会感到非常沮丧。破坏性的行为毁掉了善意。她明白，当她感到沮丧时，必须退后一步，在如何处理自己的干预措施方面要深思熟虑。她知道，她已经和很多经理建立了资本关系，这样可以影响他们改变主意。她需要从自己所见的不公平中获得激励，然后聚焦自己的挫败感。只有当她故意选择这样做的时候，才会惹恼别人。

思考时刻

♦ 不断地观察你内心的晴雨表。

♦ 当你开始感到激动时，如何才能在回答问题时保持深思熟虑？

♦ 你能和谁分享你的挫败感，谁能让你冷静下来？

48 请不要对人爱理不理

我们可能会在不经意间向人们传递负面信息。

随着时间的推移，我们逐渐建立了一种学会如何在不同环境下与人互动的节奏。我们可能会专注于某个特定问题而偏离这个互动节奏，且意识不到节奏变化导致的负面情绪，从而让周围的人觉得我们是在怠慢和蔑视他们。因此，我们的主要任务是与不同的人保持实实在在的互动，并解释清楚我们专注于某个特定问题的原因。

吉莉安意识到，她正在权衡众组员的利益，这些组员想要占用她更多的时间，而她无法合理地给予。当她没有立即回复他们的电子邮件时，他们很容易觉得她在无视他们关心的事。吉莉安了解到，她必须谨慎地描述在什么情况下她可以向组员们提供帮助，他们不应该把她的沉默视为对他们的忽视。

思考时刻

◆ 你如何更好地权衡为他人服务和专注于自己的优先事项？

◆ 在什么情况下你可能会忽视其他人？

◆ 当你不得已而专注于其他事项时，如何让人们放心地认为你仍然对他们正在做的事情感兴趣？

㊽ 事实胜于雄辩

较之平淡无奇的话语，支持性的行动会被铭记得更久。

善举看似偶然，但往往会被人们记住很多年。在有国内事务或重大事件发生时，承担责任的人将被长久铭记。这些支持性的行动将会塑造你的声誉。你要保持公平信念，不要在与你持不同观点的关键同事不在场时就某件事达成小派系共识。让你的团队帮助和支持处于困境的其他团队，如此，你的实际贡献将被铭记更久。

吉莉安喜欢使用美好的词汇——无论是书面还是口头。近年来，她流畅的语言影响了许多经理。她总是很有说服力和影响力，但她影响力的根源是她的小小善举。她能意识到别人苦苦挣扎和需要支持的时刻。她很慷慨地邀请别人喝咖啡，并送些小礼物。她知道什么时候需要伸出援手去帮助别人应对困境。

思考时刻

♦ 你在什么时候会感受到一些小善举的影响并由此塑造你对他人的态度？

♦ 在什么情况下，行动比言语更能影响他人？

♦ 接下来的一个星期你会做出哪些善举？

⟨50⟩ 闪闪发光的未必都是金子

即便是光芒四射且引人入胜的前进道路，也可能不会像最初预期的那样益处多多。

你的同事提倡一种极力颂扬其益处的方法。你对他们的热情感到温暖，发现自己倾向于期待他们给出令人信服的结果。你提醒自己，达成这些结果可能不像同事说的那么简单。你希望被各种可能性所吸引，并认真地探索。但你也承认，有时候你需要抑制自己的热情，直到通往理想结果的道路变得更加清晰。

有一位老板宣布，他正在提议建立一项新的员工福利计划，该提议将显著改变员工们的工作体验，吉莉安却萌生了些许质疑。她知道，她需要透过热情洋溢的文字将提议内容透明化。她不会被花言巧语所迷惑，同时她认识到，管理层应该欢迎有关员工福祉的积极言论，但如果空口承诺大于实际优惠，她可能会让管理层承担责任。

思考时刻

♦ 当一项提议貌似很棒的时候，是什么让你控制自己不要冲动呢？

♦ 你如何更好地保持提议者的热情，同时测试他们所提内容的稳健性？

♦ 你什么时候可能会过分强调某个特定路线的吸引力？

⑤ 种瓜得瓜，种豆得豆

我们的行为总会带来不可忽视的后果。

我们说的大多数话或做的大多数事都会产生后果。当我们提出一个想法时，就会影响到其他人，虽然这种影响纯粹是加强了那些人的信念，让他们坚定自己喜欢的前进方向。如果我们搬弄是非，就很容易导致重大分歧。另一方面，如果我们心生怜悯，就会激发他人的同情心。我们对别人表现出的态度，往往会导致同事对我们持以同样的态度。

吉莉安意识到，当她表现出沮丧时，会导致其他人表现出更大程度的沮丧。如果她怀揣着一起积极工作的愿望，那些与她打交道的人更有可能效仿她的方法。吉莉安意识到，她通过自己设定的基调产生了强大的影响力，因为许多人都会模仿她的行为举止。她会选择时机表明她愿意妥协，也会在合适的时刻故意不妥协，因为她知道别人可能会"以其人之道还治其人之身"。

思考时刻

♦ 传递想法时，你希望自己有多深思熟虑呢？

♦ 什么能帮你耐心观察你传递的哪些想法正在滋生蔓延呢？

♦ 当有人为了你的利益而传递想法时，你会以多快的速度意识到这一点？

⬡52 亲不尊，熟生蔑

请注意，有时候，率真可能会适得其反。

我们都需要有人和我们分享我们最关切的问题。出现漏洞的时候，我们可以和值得信任的同事一起去弥补，如此有助于我们消除忧虑和克服顾虑。但是，披露个人信息是冒险之举，因为这意味着别人会看到我们的失败。当我们有操纵局面或滥用职权的风险时，别人会更容易观察到。请留意，不要因为暴露自己的弱点和犹豫而失去他人对你的尊重。

吉莉安意识到，与她打交道的一些经理想要与她建立友好的关系。她对于自己所面临的问题与别人分享的内容十分谨慎，也不愿谈论自己的个人焦虑。吉莉安想把这种友好关系保持在职业范围之内。她意识到，如果一个经理表现得过分犹豫，可能会导致她不愿认真地考虑该经理阐述的观点。

思考时刻

♦ 你如何保持职业关系，与他人既和谐默契，又不会混得太熟？

♦ 你在什么情况下可能会失去对与你打交道的人的尊重？

♦ 在什么情况下，失去尊重会导致冲突？

㊾ 狗嘴里吐不出象牙

有些时候，你需要认识到，你没有足够的证据来提出合理的建议。

你想找到一个前进的方向，但证据基础不充分。大家各持己见，争论不休，有些观点还涉及人生观问题。你要接受的事实是，如果你提不出一个经过深思熟虑的明确方案，你可能会受到批评。必须认识到，你所能提出的只是一些基于有限证据的假设。必须承认，你可能会让那些指望你给出明确方案的人失望。

吉莉安知道，如果她想在与管理层的争论中胜出，那么，她就需要证据，而不仅仅是道听途说的传闻评论。她经常得出这样的结论：在找到更好的证据之前，没有必要向管理层提出争论议题。这使她的组员感到沮丧，他们总是认为她可以把他们的欲望编造成令人信服的故事。

思考时刻

♦ 你在什么时候需要承认，没有足够的证据去支持你青睐的方法？

♦ 你在什么时候才会停止整理你并不相信的论据？

♦ 当你拥有的证据无法令人信服时，你愿意让别人失望吗？

第三章

增 值

重磅！盘点你的加分项

54 想群聊，就得先加群

进行初步干预意味着你的观点更有可能得到关注。

有时候，大家讨论得热火朝天，面对一场过程紧凑动人的交谈，你不知道该如何插话。也许你可以问一个问题，或者阐述一下别人提出的观点。但在情感上，你会感到遭遇了排斥，并且有可能表现得很焦虑。你知道，你必须选择一个可以发表评论的时刻来展示你的魅力。你希望自己的评论显得很有用，否则你可能会面临被拒之门外的风险。

威廉知道，他可能显得有点焦虑和犹豫，这样就会有被忽视的风险。威廉并不想主宰谈话，但他可能会长时间地袖手旁观。他意识到，当谈话如火如荼时，只需观察一个特殊决定的潜在后果就足够了。他确实需要确保大家不会忽视他做出的贡献。

思考时刻

♦ 当你面临被忽视的危险时，什么样的干预最适合你？

♦ 你如何更好地克制自己去等待适当的时机进行干预？

♦ 你的个人焦虑什么时候会阻止你选择适当的时机进行干预？

⟨55⟩ 搞掂你做事的优先级

当你确定了自己的最优先事项时，就会更清楚其他活动的
空间。

当你需要决定如何分配时间和精力时，很有必要反思一下你
的主要任务是什么。在确定了这些任务的范围之后，你就会更加
明确其他活动可以利用的时间和精力了。生活中总是存在着这样
一种风险：我们从一开始就致力于各种各样的活动，而这些活动
后来会限制我们用于重要工作和个人优先事项的有效时间。

威廉喜欢和他的员工聊天，因为和他们保持联系有助于建立友好关
系。威廉从以往的经验中认识到，他必须自律地问自己："我将被评估
的主要活动是什么？我在哪些领域的加分项最多？"这样的问题可以帮
助他首先专注于关键活动，然后，在当天的核心活动之余休息时，可以
进行非正式交谈。

思考时刻

♦ 当新的月份开始的时候，你是否计划先把正确的任务写入你的
工作表？

♦ 你如何更好地确保自己专注于加分项最多的任务？

♦ 你如何在时间上限制那些有价值但只是从属项目的活动呢？

⬡56 万丈高楼平地起

岩石地基牢固，沙子地基松散，你想在哪一种地基上建楼房？

你需要常常反思的是，你正在寻求的建楼房的地基有多稳固呢？你可能需要重新评估人们在不同情况下的不同反应。以前的行为模式可能无法复制。你需要摈弃过期的证据，根据现有的证据来确定人们对某个提案的反应。财务预测是不是稳妥可靠呢？你的预测与证据一致吗？你的假设合理吗？富有影响力的人会认为你任性吗？

威廉在评估潜在事实时眼光敏锐。他指出，某个特定的建议与现有的证据相对立，这让某些同事很难堪，也让他自己不得人心。在向执行团队提出建议之前，他会勤勉地收集关键事实，因为他从以往的经验中得知，当他的分析不到位时，就无法得到同事的认同。

思考时刻

♦ 你如何判断你把房子建在了岩石上还是沙地上？

♦ 你如何评估你建议的前进道路有多么强大的基础？

♦ 你承认自己的论据有限吗？

57 穿越铁环，接受磨炼

有时候，审批机制是不可避免的。

一开始就确定所有需要审批的项目，似乎令人生畏，甚至令人沮丧。不过，一旦有了一个前瞻性计划、一个论点进入了必要的审批程序，你就能更好地判断如何陈述了。然后，你还可以看到下一步的进展。你可能会觉得跳过障碍是一项不必要的活动，但是，阐明论点以便向他人清晰连贯地解释，这个过程是非常宝贵的。

威廉以长远的眼光对一些龙头项目向其他人提出建议。他承认，审批过程可能令人望而却步，但他表示，他会整理出一份清晰的叙述，然后接受不同角度的详细审查，这个办法很管用。对于威廉来说，审批或审查过程从来都不是浪费时间和精力，只要对你的奋斗目标和随之而来的收益保持思路清晰的关注就可以。

思考时刻

♦ 为什么你会把必要的审批结果看作是理论依据？

♦ 你是否认为跨越障碍是构建连贯叙述的必经之路？

♦ 当流程变得过于官僚主义时，你会反击吗？

⬡58 走三步退两步，分享沿途的精彩

当我们取得进展的时候，有时必须先巩固一下已取得的成绩，然后才能继续前进。

我们可能认为自己赢得了一场辩论，感觉其他人先是支持我们的主张，但随后又蚕食我们取得的成果，迫使我们在某些方面退缩。我们观察到自己处于守势地位，于是努力去保护自己已经取得的进步。我们明智地意识到，进步意味着前进，甚至是突飞猛进，但有时也会遇到阻力。不过，阻力最终会推动总体的进步。

威廉认为，他成功地说服了组员，让他们相信某一特定行动方案的好处。在接下来的几个星期里，组员们提出了疑问，有些好处似乎没有最初设想的那么有吸引力。威廉觉得自己在被迫撤退，但他也意识到，总体而言，他在改变态度和支持特定行动方案上取得了一些进展。他知道，他必须重新部署，并重新制订未来的计划。

思考时刻

♦ 你可以明智地看待"进步有时就是走三步退两步"的事实吗？

♦ 什么能帮助你认识到，什么时候抗拒是基于证据而不是感情？

♦ 你如何有力地表达自己的观点，从而减少被人反驳的可能性？

(59) 走路，先慢后快

有时候，我们需要耐心等待。

我们观察到动物在缓慢移动，它们会选择合适的时机去突袭和捕捉猎物。我们可能认为自己拥有理想的解决方案，并希望尽早陈述、打动人心。有时候，我们需要等到别人筋疲力尽才能开始前进。我们需要耐心地等待，等到人们愿意听我们说话，而且不会驳回我们发表的观点。我们可能需要让自己和他人坚信，耐心是长期成功的关键，并在适当的时候采取行动。

作为一名职场人，威廉曾与许多不同的公司高层共事。昔日的经验告诉他，什么时候可以提出一个不受欢迎的建议。当时，资源的使用方式并没有产生最需要的结果。不过，威廉掌握的证据显示了相关资金的使用效益，只是他也明白，公司高层们固守着某些做事方式，因此在提倡改变资金安排时，他不得不谨慎地选择说话时机。

思考时刻

♦ 你认为应该什么时候采取行动呢？

♦ 你如何保持耐心并逐渐获得他人的支持？

♦ 什么会导致你过于匆忙地做出决定？

⟨60⟩ 小心别许错了愿

　　我们希望采取行动，但可能会发现自己要对行动的实施负责。

　　我们渴望有机会影响关键决策。我们希望能够灵活地选择相对的优先事项，并且相信我们能够比目前承担这些责任的其他人更有效地做出选择。有时候，当我们意识到需要改变时，不妨想象一下自己已经进入了可以影响这些行为发生的情境，然后再决定我们是否愿意承担这个责任。

　　威廉经常对老板所做的决定感到沮丧，有时暗自批评同事们说服老板采取必要行动的能力低下。后来，威廉受命去领导一项重大的紧急项目，其中包括与老板定期交谈。他现在不能抱怨给老板的建议了。他给出的意见一般都能得到采纳，因此，他所承担的责任也正是他所渴望的责任。

思考时刻

◆ 你乐意替你当下批评的人承担责任吗？

◆ 你愿意接受你当下看到的可能性之外的机会吗？

◆ 什么可以帮助你放弃对不适合你做的事情继续抱有希望？

⟨61⟩ 从船夫到舵主

每一项冒险事业都需要成功地掌舵。

要让一艘船到达目的地，就得有人成功掌舵。这可能意味着在修正方向上的轻微转变，也可能意味着整个方向的根本改变。有效掌舵取决于你是否可以看到前方的潜在障碍，并确定最有效的前进路线。坚持不懈地高效划船是保持船只前进的必要条件，但如果没有明智的掌舵，投入划船的能量就会逐渐消散。小心翼翼地掌舵可以带来加分项，有助于最大限度地发挥那些寻求推动企业前进之人的能量所产生的影响。

威廉不断提醒自己，他的职责是掌舵，而不是划船。他的很多员工都心甘情愿地为企业的成功贡献智慧和力量。他们依靠威廉带领他们穿越波涛汹涌的水域，在那里直面五花八门的批判。威廉感觉好像总有一股力量在推着他的团队驶往错误的方向，他必须小心翼翼地导航，以确保前进而不是后退。

思考时刻

♦ 你乐意把划船的差事交给别人，自己集中注意力去掌舵前行吗？

♦ 是什么让你在波涛汹涌的海面上得心应手地掌舵呢？

♦ 在船夫和舵主之间，什么样的交流最有效？

62 武装到牙齿，做最好的准备

有效的准备工作会增加成功的可能性。

经验可能已经告诉我们，我们需要为批评做好准备，这样，当我们被指责没有高效思考问题时，我们就不太可能百般辩解且怒火冲天。我们需要准备好面对来自前方的攻击，但有时，来自侧面或背后的批评也会让我们措手不及。当我们把自己置于一个暴露的位置，准备好接受反驳以及来自批评者和所谓的中立者或预期支持者的阴险抵触时，我们就不会因为无益的反对意见而感到茫然不知所措了。

威廉有过惨痛的教训，他知道，他需要为出席议事委员会做好充分的准备。他需要从不同的角度去考虑其他委员可能提出的问题。他还必须做好准备，如果他没有像组员希望的那样有力地陈述本部门情况，他就得应对内部同事的质疑。威廉接受了一个事实：他必须准备好回答一系列不同的问题，而其中太多数问题可能永远也不会被问及。

思考时刻

♦ 你如何做更好的准备去迎接潜在的批评意见？

♦ 如果为了避免感觉负重太多而准备过度，会有什么风险呢？

♦ 你如何做更好的准备去面对来自对手和所谓支持者的潜在批评？

⟨63⟩ 心坚如铁，"站出来"需要勇气

有些时候，我们需要勇气。

很长一段时间以来，形势一直在变化，需要有人勇敢地站出来控制局面。需要有人把一场争论塑造成一段连贯的叙述，清楚地说明需要什么样的结果，以及需要采取什么样的步骤才能达成心愿。需要有领导者站出来，勇敢且心甘情愿地将自己的名誉押在行动上。有时候，碰巧这个责任落到了你的身上，那么，请你做个坦率且无畏的人，旗帜鲜明地采取下一步行动。

没有人自愿与一个态度傲慢和举止狂妄的同事对话，因为这会让人恼火、让对话难以进行。但威廉愿意接受这样艰难的对话，还承担着招致一连串批评和怨恨的风险。威廉已经准备好面对这一切，他鼓励自己要勇敢一点。结果，这位同事很快就意识到自己的错误，并承诺要努力做出改变。威廉和同事们等着看这个心愿能不能达成。

思考时刻

♦ 你什么时候需要大胆一点，拿自己的名誉冒险？

♦ 当你需要说一些不受欢迎的事情时，如何才能更有效地拉拢盟友呢？

♦ 你的勇敢什么时候会转变成有勇无谋？

⑥ 等到烟消云散

你需要留出时间，让乌云般的忧郁时光过去。

当你长途跋涉时，你希望天上的乌云尽可能快地散去。有时候，云朵翻腾，悠悠飘过，这就需要你有足够的耐心了。最终，你看向乌云的边缘，会发现一束阳光开始穿透云层。当乌云最终散去时，迎来的是庆祝时刻，以前被隐藏的景色也浮现出来。现在，是时候鼓励别人去期待那些被隐匿的结局和貌似无法实现的遥远未来了。

威廉每次谈话都力图使人们心情愉快。当大家感到沮丧或悲观时，他不想表现出虚假的乐观情绪，因为他知道，假象不会给当下的情境带来任何好处。不过，他对未来的看法总是充满希望。他借鉴过去的经验，提醒同事们，风暴不会永远持续下去。当黑暗时期过去、进步的迹象开始出现时，我们便有了继续前进的希望。

思考时刻

♦ 最近有哪些乌云（忧郁）飘过，但现在已成往事？

♦ 别人怎么看你消除忧郁的方式？

♦ 当乌云散去，需要你给出明确引导时，你如何更好地准备呢？

65 像鹰一样潇洒翱翔和择机俯冲

从上向下俯瞰，可以帮助你决定什么时候进行干预。

我们在家附近的乡村散步时，经常看到红鸢在天空中毫不费力地飞翔，然后突然猛地俯冲下来捕捉猎物。它们在周围盘旋时，密切地注视着下面的动向，随时准备着发现机会，然后俯冲。当我们处于活动之中时，最好从更广阔的角度去观察和理解正在发生的事情，然后留意我们什么时候可以采取行动。

威廉意识到，某些员工想要发展自己独立思考的能力，所以不希望威廉定期干预。威廉也明白，他少一点儿介入，就可以多培养一点员工的自信力和决断力。他总是试图仔细观察正在发生的事情，然后仔细考虑他介入的时机。他不会放弃确保采取行动的责任，但他会有选择性地适时发表一些评论。

思考时刻

◆ 是什么帮助你超越眼前的问题而看到更广泛的联系？

◆ 你如何决定何时翱翔又何时俯冲呢？

◆ 你会选择突然猛扑又戛然撤退的方式进行干预吗？

⑥ 有备无患，证据要有力

请在证据即将发挥最大影响力的时候展示你的证据。

你可能已经找到了一个关键的证据，但你意识到，需要在它将产生最大影响的时候展示相关信息。过早干预，可能没人听你的话；过迟干预，可能意味着你错过了改变方向的机会。你需要选择良机去展示信息，让人们听进去并认为这是有所帮助的。总有那么一个时刻，你的贡献显得难能可贵。但如果某人全身心投入了工作，你的干预可能会被视为一种干预而不被考虑。

威廉掌握了可以改变策略方向的新信息。进退两难的问题是，他是现在就分享这个信息，还是等有进一步的证据来支持这个初始信息。他知道，必须有一个连贯而基于证据的论点，但他还知道，如果他不早点儿分享自己的智慧，就会被视为做人不诚实。

思考时刻

♦ 你什么时候会急于提出一个尚不能完全立足的观点呢？

♦ 什么能帮助你在展示新证据的时候深思熟虑呢？

♦ 当你想要干预时，什么能帮助你停止犹豫不前？

67 杜渐防萌，推进之前先取舍

当你需要迅速采取行动时，就得仔细判断哪些想法需要推进、哪些想法需要立即摒弃。

清晰的优先意识可以帮你从无关紧要的想法中筛选出美好的创意。在某些情况下，你需要形成一个想法并深入探索，然后才能评估它是有价值还是无关紧要。直接否定某个想法的时候一定要说清楚为什么，以免有人会批评你思路狭隘。

威廉和一个想法很多的中层管理者一起工作。威廉意识到，他的员工无法应付那位中层管理者提出的发散想法。威廉意识到，他需要开诚布公地和中层管理者讨论一下，哪些想法可以采纳、哪些想法需要搁置。威廉幽默地打趣中层管理者的杂乱想法，并与部长讨论哪些想法可以进入下一阶段。

思考时刻

♦ 当有人提出一个新想法时，你会自然地倾向于探索还是不予考虑？

♦ 你如何在所有被强烈提倡的不同想法之间划分优先级？

♦ 当你需要处理某些优先事项而不得已舍弃某些想法时，你使用的理由是什么？

⟨68⟩ 做事要趁早，早起的鸟儿有虫吃

愿意在早期阶段探索新想法和机会的人，极少是徒劳无功的。

我们有必要努力看清趋势，并认识到哪里可能存在新的机遇。我们如何开拓一个新市场或开发一项具备更大创新思维空间的新技术呢？谁是可以与之接触的意见形成者或创新者？你要睁大眼睛寻找各种可能性，如此你便可以在早期阶段开始探索或行动。

威廉曾先后与多位团队高层共事，他发现，在团队高层任职初期，他非常有必要认真倾听他们的意见，以了解他们的喜好和倾向。早点儿开诚布公地谈话，总是给他一种良好的感觉，让他知道如何更好地合作，如何调动他们的想象力，如何建立起信誉和尊重的强大情感纽带。威廉知道，当有任何不顺利的事情发生时，他都需要从一开始就和团队高层站在一起，和他们一起解决问题，而不是独自应付难题。

思考时刻

♦ 尽早倾听正在发生的事情，总是能给出新的见解吗？

♦ 环顾四周寻找新的问题或机会，绝不是白费功夫吗？

♦ 好奇别人的未来议程中会出现什么，能够给己方提供有价值的情报吗？

69 打铁趁热，见机行事

有些时候，你需要充分利用眼前的机会。

当谈话结束或对话陷入僵局时，可能会有片刻的疑惑或沉默，这时你介入可能产生最大效果。设定一个精确的总结或明确的前进方向，言简意赅又充满自信，可以让对话从低沉转向乐观。关键是要使用有前瞻性并能抓住想象力的词汇，还要表现出你相信自己的提议并有可信证据加以支持的行为举止。

威廉知道，一位中层管理者因为在一项特别倡议上得不到他想要的来自协作部门同僚的支持而深受打击。威廉同情中层管理者，并决定倡导一场变革以解决中层管理者的大部分担忧，同时，这样还可能得到协作部门同僚的好评。威廉谨慎地选择了进言的时机，而中层管理者经过一番思考之后提出了一个新的方案，而该方案在很大程度上是基于威廉的建议。

思考时刻

♦ 当机会摆在你面前时，你已经准备好要抓住它了吗？

♦ 当机会来临时，你要明确、直接、毫不犹豫吗？

♦ 一旦你带着一个明确的建议果断出发，是否常常会有惊喜？

⑺ 保持兴致，不要断炊

有些时候，你需要确保针对特定领域的创造性能量得以维持，而不是消散。

双方就某个问题进行了良好的对话，但其他事情分散了大家的注意力。你混合使用鼓励、奉承和实际激励来保持对前瞻性思维的关注，并对不同解决方案进行了详细的探索。你的方法是坚韧而自律的，同时，你还对人们对你的谈话导向的情绪反应保持敏感。

威廉意识到，一位中层管理者在某个特定的问题上不会松口。威廉在这一领域的直接报告因其他优先事项而受到影响，因此他不愿提出任何新的想法。威廉认识到，他需要继续以鼓舞人心的方式与他的员工交谈，同时他也非常明确地表示，希望在两到三周内与那位中层管理者制订一些激动人心的新提案。威廉为此展开了一系列对话，显然他不打算放过这个问题，直到那位中层管理者接受了明确的提案。

思考时刻

♦ 你在什么时候需要大胆承认，保持兴致才是王道？

♦ 当有人试图分散人们对某个问题的注意力时，你该如何应对？

♦ 是什么让你在名誉受损时依然果断行事？

⑺ 虎口拔牙，临危不惧

有些时候，你必须果断地处理某些棘手的问题。

当需要找到解决特定问题的方法时，阻碍进展的因素可能包括：缺乏前进动力的失望感、参与者的厌倦情绪、阻碍前进的琐事以及其他更明显需要前置的优先事项。有些时候，你必须坚持不懈地确保谈话继续下去。

公司的某个特定部门需要节省开支，但谁也不愿意采取行动，因为他们潜意识里认为问题终究会得到解决。威廉选择了这个时机把大家聚集在一起。他的开场白就是肯定众人的努力，并详述目前所取得的进展。然后，他鼓励大家分享新的想法，并重申在找到解决办法之前，需要继续就这一问题开展工作。结果，他的组员们意识到他发言的真谛，并一起努力寻找前进的方向。

思考时刻

♦ 你如何确保自己能果断地处理一个让人痛苦的问题呢？

♦ 当有问题需要解决时，你如何不让自己感到无聊或逃避呢？

♦ 当其他参与者想要逃避的时候，你如何确保对话的持续呢？

72 猫也有权晋见国王

不管职位有多低，我们都可以观察那些高居领导地位的人，并向他们学习。

我们一直在向我们观察和接触的人学习。有时以钦佩的眼光看待他们，有时则以怀疑的眼光打量他们。当我们决定相信谁的观点或怀疑谁的观点时，我们需要用敏锐的眼光来观察。不管一个人有多重要，我们都要带着自己的洞察力去判断他对自己和别人的影响。我们意识到，筛选环节可能会模糊我们的视角，搞不清楚某个人是如何实现其价值或创造其影响力的。

威廉有幸与团队高层保持经常性的联系。团队高层们的思维运转速度给威廉留下了深刻的印象，但有时，威廉也会担心他们对特别注意事项的关注。于是，威廉表现得既尊敬又谨慎，他知道，他在他们面前的名声很好，他上次适时介入交流，表现得很出色。

思考时刻

♦ 我们如何客观地观察一位领导者，不偏袒也不反对？

♦ 是什么帮助我们看清了以前从未在领导者身上看到过的品质？

♦ 是什么吓住了我们，让我们对领导者的错误视而不见？

73 晒草趁天晴

有些时候我们可以取得很大的进步——努力去争取吧。

我们可能会发现自己得到了现任领导的支持。可能某个项目在我们的监督下进展顺利，我们观察到我们的信誉和权威都处于优势地位。我们已经启动了一项进展顺利的计划，我们可以强化这一势头，使其朝着正确的方向发展。我们需要承认，该是风起云涌的时候了，但要意识到，人生没有永远的顺境。我们的拥护者可能会离开，情况可能会改变。

威廉帮助一位中层管理者改进了一个行之有效的方法。威廉注意到，那一刻，大家都对他很友好，他意识到，是时候就一些停滞不前的问题得出结论了。威廉发现了一个机会之窗，他需要毫不犹豫地抓住。

思考时刻

- ♦ 当你的方法受到青睐时，要乐于承认，再想想你是怎么建立起这种倾向的。
- ♦ 当你感受到身边的善意时，准备好把卡住的问题提出来吧。
- ♦ 当你不能很快意识到自己拥有的影响力和权威时，小心点，别憋得太久。

〈74〉内行人，懂内情

重要的是，你要了解自己在组织中的权限，并理解组织内部的工作方式。

你可能会觉得自己的举措有很大的灵活性，可以推进一系列不同的想法。但是，员工的接受底线和未预料的困难是什么？有时你希望突破界限，但总想了解可接受的工作方式是什么，以便你慎重地决定何时在公认的规范之内进行操作，何时进一步去想想还有哪些做事方式可以转变。

威廉参加工作几十年，所以他知道什么方法最有可能奏效。他想让自己和大家都走出舒适区，并且在策略上更有创意。他知道，他需要培养能够支持他尝试新方法的拥护者。渐渐地，他改变了大家的视角，使他们更愿意尝试创造性的方法。

思考时刻

♦ 你了解组织中可接受的做事方式是什么吗？

♦ 你如何改变人们对不同工作方式的看法？

♦ 你能做个榜样，帮助别人在推进新方法方面突破界限吗？

⟨75⟩ 虽少总比没有强

也许我们取得的进步有限，但也有了一些进展。

我们已决心为一种新方法赢得支持，并查实了可勉强接受的程度。我们已经取得了一些进展，但我们最初的反应是失望而不是满意。我们认识到，只有克服这种失望情绪，才能承认自己已经取得了进展，并奠定建设性的新基础。

威廉试图说服一位领导与其他部门的领导直接接触，他的理由是，这位领导有必要直接听取那些处理特定问题的领导的意见，而不是与中间人交谈。刚开始的时候，威廉对进展感到失望，但他有幸意识到这位领导的态度发生了一些变化。威廉得出结论，他需要分阶段推进，并肯定这位领导已经取得的进展，而不是过于失望。

思考时刻

♦ 当你的进步只达到期望值的一半时，是什么让你感到满足？

♦ 你如何设定自己的抱负，即使半途而废，也能成绩斐然？

♦ 你在什么时候应该对部分的进步感到不满？

76 幸运会敲响每一扇门

有时候你会遇到意想不到的机会——努力去抓住它吧。

也许有一连串不同的决定并不符合你的意愿，你认为自己的职业生涯已经奄奄一息。但后来，你有了新老板，他看到了你的潜力，并支持你的事业。总有那么一刻，机遇会向你敞开大门。我们可能会感到惊讶，并认为我们的好运是海市蜃楼。我们需要承认，有时机会会出现或幸运之门会敞开。我们需要积极地前进，相信会有那么一刻，我们可以满怀信心地拥抱新的希望。

威廉从来没有想过自己会被提拔到行政部门。他忠心耿耿，勤奋工作，但并不认为自己与众不同。所幸，他的一丝不苟和对各种可能性的仔细权衡使他的声誉颇高。他还赢得了历任老板的信任。他被告知，当下一个职务空缺出现时，他将成为继任者并参与团队管理工作。

思考时刻

♦ 当一个意想不到的机会向你敞开大门时，你会如何应对？

♦ 你愿意接受有时好运会从天而降的事实吗？

♦ 当貌似一切都与你的最佳利益背道而驰时，你如何坚定自己的决心？

⑦ 三个臭皮匠顶个诸葛亮

与值得信赖的同事或伙伴密切合作，可以提供有价值的见解。

当我担任财务总监时，我经常与人力资源总监合作，通过共同的工作，我们让彼此发挥出了最佳状态。我与多位合著者共同撰写了一些书籍和小册子，并对各类问题联合分析，因此我们联合编撰的内容比我们任何一人单独创作的都要好得多。经常和同事讨论难题，可以让你从新的角度去探索和研究新的解决方案。

威廉擅长与重要的同事合作。当出现问题时，他会确定谁是他的好顾问，他可以与谁一起寻找方法和解决风险。他总是愿意花时间和同事一起努力，帮助他们解决复杂的问题。因此，他建立了一套相互支持、相辅相成的工作关系，使他能够反思进展情况和后续行动。

思考时刻

♦ 你会和谁合作一起解决难题呢？

♦ 你如何与他人建立相辅相成的关系，从而实现双向互惠呢？

♦ 你什么时候会承认自己必须单独决定，因为与他人的深入交谈不会帮你厘清思路？

〈78〉厨师太多烧坏汤

参与决策的人过多，会延缓决策的过程，稀释决策的结果。

在让广泛人群参与决策和将最终决策留给重点人群之间有一个微妙的平衡。太多人认为他们拥有标准答案，这样会导致拖延、失望和不信任。弄清楚人们参与的阶段和原因，以及做出最终决策的时机，可以建立必要的现实主义观念。在某个时刻，我们可以理解广大参与者的想法，但现在我们不得不把决策权限制在一个小团体内。

威廉天生就是个民主开放的人。他想让整个部门的人都参与进来，而这个部门的人遍布全国各地。结果，董事会的决策变得复杂而繁重。他知道自己必须简化管理结构，这样的话，在一段时间内，会有一些人不待见他。他意识到自己的方法必须清晰明了，还要简单而审慎地解释自己的理由。

思考时刻

♦ 什么时候让太多人参与决策会削弱你想要达到的效果？

♦ 你如何正确地平衡公开磋商和果断行动之间的关系？

♦ 当你知道不让某人参与会让他失望时，你该怎么解释呢？

79 小洞不补，大洞吃苦

及早发现问题，可以大大节省寻找解决方案所需的时间和精力。

我们可以定期回顾一下引起愤怒的琐事是什么。有什么方法可以解决这些小问题，使之不升级为大矛盾呢？我们想告诉自己，花在解决早期问题上的时间从来都不会白白浪费掉，但在快速发展的环境中，我们不必拘泥于自己的建议。

威廉感觉到他的两个直接下属之间的关系开始破裂。在过去的一年里，这两个人貌似相处得很好，但威廉察觉到他俩之间正在悄悄出现一些消极对抗行为。威廉特意带他俩出去喝咖啡，并和他们讨论如何让彼此发挥出最佳状态。他们意识到了关系恶化的风险，并承诺继续与对方沟通，以确保工作关系得到加强而不是被削弱。

思考时刻

- ♦ 在什么情况下，早期干预可以减少争端风险？
- ♦ 当你意识到问题可能逐渐恶化而变得无益时，什么可能会妨碍你进行探索性的对话呢？
- ♦ 关于早期干预在哪些方面无益，你能举出什么样的例子加以证明呢？

⑧⓪ 警惕多米诺骨牌效应

你要注意你所说的每一句话和你所做的每一件事的连锁反应。

聪明的领导者明白，向一个有影响力的人提出的建议会在整个组织中迅速传播。迟钝的领导者可能意识不到，批评性的评论会迅速传播，要么会产生建设性的回应，要么会产生怨恨和不信任。一时的恐慌就像野火一样蔓延，很快就会扩散开来。正如一张多米诺骨牌可以很快推倒一排多米诺骨牌一样，一个判断错误的评论可以迅速破坏彼此的信任和共同的努力。同样，善意的八卦能够产生善意和相互支持的感觉，其效果远远超出你的想象。

威廉发现了他的组织中的意见形成者是哪些人，并确信这些人察觉到了好消息或需要新思维的领域。他也知道惯于搬弄是非的是哪些人，他对那些人说话时需要特别注意，因为他知道，他们会放大和夸大他的评论，并强调负面内容而非积极观点。

思考时刻

♦ 若想让某个好消息传播开去，你会和谁分享呢？

♦ 你害怕和谁分享你的挫折，以免他们夸大呢？

♦ 你如何建设性地利用多米诺骨牌效应在组织中传递信息呢？

⟨81⟩ 全力以赴，营造你的魅力磁场

了解你带来的相关经验，并从中吸取教训。

我们可能会过于谦虚，总觉得别人更擅长处理难事或意想不到的情况。你过去有什么相关的经验可以借鉴呢？关键是首先要持有一种心态，即无论情况多么不可预测或前所未有，你都可以带来某种独特的东西。有了这种积极的心态和相信自己可以做出贡献的信念，你的直觉反应很可能变得非常有价值且不容忽视。

威廉意识到事情在他的监督下出了问题。他知道他不能沉湎于失望之中。他需要理智地思考如何更好地挽救局势，并以一种能让他的老板信服的方式推动事态好转。他让一个深受老板信任的小队长制订出一个明确的救援计划。他斩钉截铁地向老板断言，可以用最小的代价克服困难的局面。

思考时刻

♦ 当你需要拯救局面的时候，是什么让你变得大胆？

♦ 当你需要自信地运用你的长处和经验时，什么会阻止你呢？

♦ 你什么时候需要不受拘束地做一个大胆的倡导者？

82 避免冲突，确保平衡

当你激发两个不同的人思考同一个问题时，当心不要导致冲突或中断。

你可以让一个人从细节入手，另一个人从大局入手。你希望两个人都能意识到对方在做什么，这样他们就能提供互补的观点。你意识到，人们可能会过于专注自己的个人活动，以至于忽略了不同元素之间的联系。你经常重复的话题是"最终目标是什么？""不同的活动之间如何互补？"

威廉意识到，优秀的领导会从他们处理的证据中得出结论，但并没有意识到，他们固守自己的心态，有时还带有偏见。威廉还认识到，领导习惯从全局的角度看待一切，并清楚地知道，任何一步行动都会被基层员工知晓。其间会不可避免地产生矛盾和误解。

思考时刻

♦ 当人们从不同的角度交谈时，你如何确保他们彼此畅谈下去呢？

♦ 当人们想达到不同的目的而非相似的目的时，你能预见到潜在的冲突吗？

♦ 当你把人们引向两个互补的方向时，你是否需要更充分的沟通？

⑧⑨ 盲人国里，独眼称王

你可能会觉得自己的视野有限，但其他人可能比你更狭隘。

如果你对接下来的步骤只是一知半解，你很快就会感到一片茫然。因此，你可能会把自己封闭起来，无法辨别前进的方向。但是，那些说话自信的人未必比你聪明。你感觉到存在着三四个关键因素，力求尽可能自信地明确表达这些要点。然后，你会惊讶地发现，你已经帮助推动了关于下一步行动的前瞻性讨论。

威廉有时会忘记，他在不同情况下的经历对塑造他的理解力的巨大影响。他有着良好的直觉反应。有时他会在不确定的情况下偷偷地提出一个明确的主张，并对自己的影响力感到惊讶。

思考时刻

♦ 你要明白，你有限的理解力可能比你周围的人强得多。

♦ 你要乐于根据自己的理解力去列出有限的几个关键点，然后观察它们被接受的方式。

♦ 你要承认，有时候你的权威和影响力可能比你想象的要大。

84 亡羊补牢，犹未为晚

有时候，延迟地生产优质产品要比准时地生产劣质产品好。

有些截止日期是不可避免的。有时需要协商截止日期，以确保一款产品的稳步和可持续供应。设定一个准确和不可改变的截止日期，可能存在的风险是，如果没有按时达标，精力会白费，承诺会失效，因此提不起干劲儿，也产生不了任何结果。细心的领导者会注意，截止日期何时具有激励性、何时具有破坏性。我们有一种可衡量的技巧，可以修改截止期限以达到合理期望，并保持干劲和承诺。

威廉一直密切关注着老板的期望和员工的工作。老板希望在一个特定领域建立一个新的融资模式，他希望管理层努力寻找新的方法，但不得不等待关键信息。威廉必须设法满足老板的期望，但他需要再等一段时间才能获得高质量的产品。他还要激励员工们的干劲，以确保产品符合要求，同时又不必是完美的。

思考时刻

♦ 你什么时候需要严格限定截止日期？

♦ 什么会引导你灵活安排时间表？

♦ 当某件事要晚于预期的时间时，你该如何掌控期望呢？

85 好汉不吃眼前亏

有些时候，我们应该谨慎而不是鲁莽。

你可能觉得自己与某个人或施压团体进行了长期的斗争，并取得了成功。你想要庆祝，总是在强调自己胜利的同时强调别人的挫败，但你仍然需要与这些人一起前进。没有必要老是念叨自己战胜了别人。有时候你们会有共同的利益，所以，现在不是强调你胜利和别人失败的时候。

威廉曾建议他的老板，不要对一个施压团体提出强烈批评。但老板没有听从威廉的建议，还得意扬扬地说这个组织是多么无能。威廉想直接告诉老板，这是一种适得其反的做法。但威廉踌躇不前，因为过不了多久，老板可能就会认识到，他需要在双方达成一致的观点上与威廉的组织建立联盟。

思考时刻

♦ 你什么时候会因为胜利而沾沾自喜呢？

♦ 是什么让你忍住不去批评别人？因为他们貌似不需要你的干预就能吸取教训吗？

♦ 你如何将谨慎视为一种优势而不是一种回避策略呢？

⑧⑥ 踏出舞池，走上阳台

你要徜徉舞池，成为行动的一分子，还要走上阳台，从更广阔的角度看问题。两者结合起来，你就能获得珍贵的整体洞察力。

置身于行动之中，让你了解压力、动力和奋斗力。从阳台上俯视舞厅，可以让你了解潮流趋势和整体走势，也可以从更广阔的视角看到局部行动。风险在于，我们要么花太多时间停留在问题表面，要么纠结于细枝末节。我们带来的增值可能是因为我们欣赏立即行动与整体压力、期望与更广泛的后果之间的相互作用。

威廉认识到，他在管理团队中的角色之一就是开启新的视角去看待局部发生的事情。与此同时，他认识到自己需要继续展望未来，并思考如何才能最好地利用资源和推广技术。同时他也意识到，技术教育的支持运动需要有明确的经济效益作为基础。

思考时刻

♦ 你如何确保在理解细节和带来更广阔的视角之间取得恰当的平衡？

♦ 你如何证明自己为了获得更广阔的视角而放弃了细节上的行动？

♦ 什么能帮助你停止过度纠结于日常活动呢？

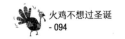
⟨87⟩ 偶尔钻一下牛角尖

有些时候，你需要深入研究细节，确保已经采取了适当的行动。

曾与我共事的一位CEO因"钻牛角尖"和过于深入细节而受到批评。但他坚持认为，定期玩一玩"钻牛角尖"，可以帮助人们了解组织内部正在发生的事情。偶尔的细节探索帮助他保持了关注现实、专注和大胆的品质。他的可信度不仅取决于他更广阔的视野，还取决于他对看似棘手问题的掌控。

威廉给自己定了个小任务，大约每个月参与一次棘手问题的细节处理。当他决定使自己沉浸于一个细节问题时，总是会解释其中的缘由，并承诺这种"钻牛角尖"的行为只是短期的。他意识到，这种方法可能意味着人们想把难题丢给他，因此他故意限制自己"深潜"的机会。此外，威廉对他花在这类思维活动上的时间和精力非常敏感。

思考时刻

♦ 你明白你什么时候以及为什么想要深入细节。

♦ 你要把注意力放在细节上，并将此作为你的常备技能之一，但要适当使用。

♦ 你要清楚地告诉别人，你为什么要参与这些细节。

⟨88⟩ 沧海一粟，也要抓住

当你感觉遭受了不公平的批评时，那些给你反馈的话有没有一丁点儿真实性呢？

当有人觉得自己收到的反馈不公平且毫无根据的时候，我会质问他们：那些反馈的话有没有一丁点儿真实性呢？反馈往往更多地反映了反馈的提供者，而不是反馈的接受者，但是，在反馈的内容中通常有一些值得思考的因素或迹象。需要提出的是，此处的"真实性"指的是对你所提供的事物的感知，而不是你所做事情的现实。

通常，威廉不得不聆听来自施压小组的毫无新意的长篇大论。威廉自学成才，懂得专心权衡那些他需要认真对待并寻求解决的问题。有时候，他需要考虑的关键问题是当下的重大问题，但他遇到的往往是一些需要进一步考虑的细节问题，而不是当下备受争议的重大问题。

思考时刻

♦ 是什么让你能在滔滔不绝的言辞中辨别出一丁点儿实质性的内容？

♦ 你如何在一大堆毫无新意的词汇中记录并推进一个新的想法？

♦ 是什么让你能从乏味无果的辩论中筛选出关键点呢？

89 灰色空间，模糊对话

在私人空间进行的模糊对话，有时候可以解锁一条前进的道路。

有些讨论需要正式和公开，它们陈述的是一种立场，不仅是为了赢得更广泛的听众，也是为了使那些洋洋洒洒的辩词能够收到立竿见影的成效。通常，真正的进展是在私人空间里取得的，因为那里没有观众，你们可以讨论各种选择。如果双方都希望找到前进的道路，那么，关于利弊和风险的非正式会谈将有助于建立相互理解和彼此信任。这样的对话往往会改变参与者的看法，使他们更加现实地寻找可接受的前进道路，而不会让任何人感到羞辱。

威廉意识到，某个特定的利益集团很有影响力，因为员工们的任何抱怨都会传到领导者的耳朵里。在某些敏感问题上，威廉不希望爆发一场公开的骂战。他已经非常了解他的对话者，并就他们何时公开谈话、何时以非正式的方式进行模糊谈话等问题建立了相互理解的基础。

思考时刻

♦ 你最信任的人是谁？可以和谁进行开诚布公的谈话？

♦ 你如何通过正式交谈或非正式会谈去调控进度呢？

♦ 你如何确保你们之间有很高的信任度，且你们的坦诚没有打折扣？

90 事不过三,三振出局

犯一次错误是可接受的,犯两次错误是可容许的,而犯三次错误可能是不可接受的。

我们从错误中学到的东西和从成功中学到的一样多。重要的是我们如何从错误中吸取教训。我们认识到,重复同样的错误会产生恶果。我们需要有意识地从第一个错误中吸取教训,并通过第二个类似的错误来强化我们的学习,还要认识到,对我们的声誉来说,重复三次同样的错误判断,可能会导致致命的后果。

威廉低估了一个特定问题对前任老板的重要性,也没有完全意识到,在两次事故之后,他需要努力确保不会发生第三次事故。威廉从这段经历中吸取了教训,之后他变得小心翼翼,确保不会因为同样的事情而招致现任老板的愤怒。通常,威廉的现行方法之一就是探索如何增加未来成功的前景,而不是把责任归于过去可能发生的事情。

思考时刻

♦ 错误出现后,什么时候你会有点儿厌倦?

♦ 你如何确保你可以严格学习,从失败的事情中吸取教训?

♦ 你愿意动用什么样的个人资本去确保一件事不会连续三次出错?

91 随时接受警钟式提醒

一个事件或一句评论可能会让我们震惊，并促使我们开启新的思维。

我们认为，我们正朝着一个明确的方向前进。我们深思熟虑了各种机遇和风险，并有了一个清晰的计划，但有一种不良反应促使我们意识到，需要重新思考我们的方法，以及我们如何在考虑到意外和不可预测的情况下更好地实现目标。我们从某种程度的自满中醒悟过来，知道这是个危险的假设——假定我们总是知道正确答案。

威廉是一个经验丰富的领导者，他会仔细思考问题，并听取一些值得信赖的顾问的意见。但他没有预料到一个盟友会突然变得总是吹毛求疵。威廉起初对此人的改变感到不满，但后来渐渐接受了一个事实，即此人提出的是威廉真正需要解决的问题。威廉还渐渐接受了一个事实，即他已经变得有些自满，他需要一次警钟式提醒，让他重新思考一些以前行之有效但未来可能不那么合适的方法。

思考时刻

♦ 过去你是如何受到警钟式提醒的？

♦ 你最能接受什么样的警钟式提醒？

♦ 你想鼓励谁给你警钟式提醒呢？

第四章

生命力

动宜静，静宜动，动静相宜，行之千里

92 唤醒身体能量

有时候，你需要动用你的能量储备，把精力集中在某一个目标上。

有些时候，你需要迅速采取行动。你必须集中精力，且坚持不懈。你要明白，必须快速思考和行动，并认识到你不能退缩。你对自己说，你会遇到艰难险阻，需要不屈不挠，你也会筋疲力尽，只能去细品潜在的乐趣。你知道，不可能在很长一段时间内保持同样的势头，但你也会认识到，这种承诺、动力和前进的势头是某个特定时期的必修课。

萨莉娜从紧张的工作中获得了愉悦。没有什么问题是解决不了的。她转向那些需要分类的问题，而不是逃避它们。她可以相对轻松地迅速而果断地进入思考状态。她喜欢和那些行动迅速的人一起工作。紧张的工作激发了萨莉娜的最佳状态，但她意识到，尽管她可以长期超负荷工作，但如果速度和压力不减，对她来说也是有风险的。

思考时刻

♦ 你如何应对巨大的压力？

♦ 什么能让你在需要时快速思考和行动？

♦ 当你连续超负荷紧张工作的时候，会面临哪些风险呢？

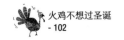
93 撞了南墙要回头

有些时候，某个目标无法实现，你需要改变方向。

你下定决心要在某项事业上取得成功。你已经投入了大量的时间和精力，认为自己不可能失败。你一直不懈地说服别人相信，你的方法优越，结果也可实现。当障碍看上去坚不可摧时，你就进入了坚持不懈和不知疲倦的状态。有一点必须承认，你不会取得进展，你必须退出，并重新评估如何才能更有效和更可持续地解决障碍。

萨莉娜的心态是，规则是需要克服的。她不会轻易被击败或被击退。她有克服阻塞和障碍的业绩记录。萨莉娜意识到了这个优势，她也不想让自己或其他人失望。随着时间的推移，她的思想迈上了一个新台阶，越来越明白什么时候该去寻找另一种方法。

思考时刻

♦ 你在什么时候重复自己的话不会有好结果？

♦ 你在什么时候会机智撤退，并避开障碍绕道而行呢？

♦ 你曾经坚持了太久的方法却没有奏效，这给了你什么样的教训呢？

⑨⑷ 公园漫步，不负好时光

有时候，一项活动可能没有你预想的那么累人。

我们有时会发现自己正在处理一个特定问题，却没有过度紧张和投入精力去推进。我们要提醒自己，喜欢某些活动可以帮助我们利用活动带来的快乐放松身体、大脑和心灵，以便我们保存能量去应对更苛刻的环境。我们可以把工作中喜欢的活动描述为"宛如公园漫步"，从职场的某些领域中获得快乐。

萨莉娜非常擅长鼓励别人。她发现有的员工善于推进措施和影响他人。萨莉娜喜欢指导别人，这给她增添了能量，她感觉自己正在为他人做出有益的贡献。对萨莉娜来说，一场指导式谈话能让同事们思考自己解决问题的方式，"宛如公园漫步"，让她精力充沛，并对与同事的关系感到愉快和乐观。

思考时刻

♦ 什么能让你在工作活动中特别放松？

♦ 你如何抽时间去参与这些活动，让你放松和快乐？

♦ 在工作环境中，什么最能振奋你的精神？

⟨95⟩ 先走后跑，循序渐进

有些时候，你要有所保留，确保自己完全有能力承担新的责任。

我们可能对新的责任、任务或技能保持高度热情，以至于想要快速地开展工作。另一方面，我们希望以更慎重的方式逐步建立自信和提升能力。我们需要好朋友和同事告诉我们："慢慢来，积累经验，然后稳步承担更多的责任。"有人告诉你不要急于行动，以免摔倒。你承认这个建议是正确的，但你想继续前进。

萨莉娜加入了一个非常不同的组织，担任了一个非常有影响力的职务，也明白自己如何才能做出重大的改变。她思维敏捷，善于理解问题，并找到解决办法。她知道，她需要完善自己的理解力，让自己的"敏感"变成"敏锐"，从而能够发现和倡导可持续的前进方向。她一直想快点儿行动，但她知道，有时候必须克制自己。

思考时刻

♦ 你在什么时候可能想要极速行动？

♦ 什么能帮助你积累经验和专业知识，让你在未来产生决定性的影响？

♦ 你在什么时候需要放慢脚步？

96 不妨做做深呼吸

做做深呼吸，让自己慢下来。

你生活在紧张的边缘。你的大脑在快速运转。你的心跳很快。你意识到需要停下来，让自己平静下来，做几个深呼吸吧。你可以在走动的时候深呼吸，甚至在开会的时候，你可以用深呼吸让自己平静下来。换换挡吧，你的大脑正在快速运转，需要冷静下来。

萨莉娜头脑灵活，以行动快和说话快而著称。她发现，她雷厉风行时很难自我控制。她一直希望自己能全身心投入，并产生影响力。她习惯去做深呼吸，努力让自己平静下来。为了做深呼吸，她需要从密集行动中抽身离去，或者，如果在开会，她需要故意安静地深吸一口气，观察自己的身体和情绪是如何稳定下来的。

思考时刻

♦ 你如何知道何时需要冷静下来做做深呼吸呢？

♦ 什么能让你进入一种可以深呼吸的心态？

♦ 如果你不给自己一些深呼吸的空间，会发生什么呢？

97 世事有升必有落

兴奋可以在特定的冒险中迅速积累起来，但随后会同样快速地消散。

媒体对某一特定主题的兴趣可能会随着记者围绕某一特定问题而波动，也可能会随着记者急于报道最新消息而迅速消退。你可能会对自己所在领域表现出的兴趣感到高兴，并意识到你需要在参与的基础上创造一种势头，当注意力转移到别处时，这种势头仍将继续下去。你可能在某一天很受欢迎，第二天就被忽视了，即使你的方法和贡献不曾改变。

萨莉娜发现，她因为处理一些棘手问题的方式巧妙而在一位CEO那里获得了越来越高的声誉。但后来，一位新的CEO带着顾问而来。于是，没有那么多人咨询萨莉娜的意见了，她觉得自己的影响力和声誉都下降了。她还是那个提出同样建议的人，但她已经认识到，某一天某个人可能会受到重视，而第二天自己因为没有得到任何结果而变得无足轻重。

思考时刻

- ♦ 抓住你能抓住的那一刻。
- ♦ 接受这个事实：名声的起起落落有时和个人的所作所为没多大关系。
- ♦ 好好利用你感觉自己处于优势的时刻吧。

98 有想法就要立刻行动

当你有机会的时候，请奋力前行，抓紧采取必要的行动。

有些时候，当我们得到一个机会或看到一个虚席时，我们需要加以充分利用。有影响力的人愿意倾听我们的观点，所以我们要充分利用接触他们的机会。我们有机会推进新的措施，对这种引诱做出了积极和迅速的反应，这表明我们可以在这一领域按部就班地取得进展。

萨莉娜的财务主任邀请一些同事，针对投资于某些改革的高效模式问题发表意见。萨莉娜等待这个机会已经有一段时间了，她提出了一系列清晰的主张，既与她的领域相关，也与整个组织相关。她决定，此时此刻要直截了当而不是含糊其词。她决心设定一个议程，以便在整个业务中推进改革。萨莉娜认为，现在是大胆领导而不是逐渐达成共识的时候。

思考时刻

♦ 你在什么时候应该做领头羊跑在前面？

♦ 你如何选择时机在某个问题上起带头作用？

♦ 你乐意承认有必要采取大胆的新方法吗？

⟨99⟩ 闭嘴吧，话痨姐

你可能渴望说些什么，但你要明白，你需要保持沉默。

我们有自己的观点，也想有自己的影响力。当我们有话要说的时候，并不希望错过这一时刻。我们意识到，有些时候需要保持安静，不要浪费精力和时间大喊大叫。我们可能会对某人的行为感到愤愤不平，但要明白，立即表达批评很可能适得其反。我们也意识到，我们需要等待合适的时机进行对话，而不是不假思索地脱口而出和情绪激动地反驳。

萨莉娜意识到，她可以用言语表达自己的不安，但有时会适得其反。如果讨论没有按照她的意愿进行，她需要保持警惕，以免自己一口难辩众人。首先，她需要思考为什么别人要表达他们的特定观点，然后，她要明确想要达到的终极目标是什么。萨莉娜有时会紧闭双唇，向她的舌头示意，不要滔滔不绝或感情用事。

思考时刻

♦ 你在什么时候像个话痨？

♦ 如果现在不是表达观点的最佳时机，什么能帮你克制自己呢？

♦ 你在什么时候说出的话会让你的情绪反应更加激烈？

⬡100 聊天，聊出一片天

在达成解决方案之前，有些问题需要经过详细的讨论。

一开始你觉得眼前有个问题很棘手。每当你认为需要再次将注意力转向这个问题时，你的心绪就会变得低沉。你承认，需要花很多时间从不同的角度来解决这个问题。你试着把大问题分解成易于处理的小步骤。这种感觉太残酷了，但你知道，当你设法建设性地解决问题时，你必须继续前进，并与许多人打交道。

萨莉娜意识到，她自己的急躁情绪可能会打败自己。她喜欢速战速决，想要快速解决问题。但她认识到，她需要召集合适的人员进行对话，从不同的角度来彻底解决这个看似棘手的问题。她还意识到，一旦将这个大问题分解成小步骤，并逐一加以解决，就会取得进展。

思考时刻

♦ 什么时候坚持不懈地解决一个难题对你有利呢?

♦ 处理一个看似棘手的问题时,你如何确保自己不会放弃或分心?

♦ 你怎么才能腾出足够的时间来解决棘手的问题?

⟨101⟩ 开启新篇章

现在是时候采取一种全新的方法了，不要总是纠结于过去的失误。

我们已经坚持了一种处理问题的方式，并且已经屏蔽了其他的思维方式。我们让自己陷入了一种情绪反应，变得沮丧、不开心和愤愤不平。我们需要重新开始，以不同的方式看待问题。我们需要放下过去的方法继续前行，重新决定什么样的心境最适合实现未来重要的目标。

萨莉娜在经历了一段忙碌无休的工作之后，终于迎来了一个长长的周末。她被一些人的态度所困扰，知道自己的一些反应毫无帮助。萨莉娜意识到，在度过了漫长的周末之后，她需要用一种不同的心境重新投入工作中，并看看别人做出的积极贡献。萨莉娜不确定自己能否轻易地保持这种方法，但她打算尝试一下。

思考时刻

♦ 你知道什么时候需要重新处理某个问题吗？

♦ 你的情绪反应什么时候会阻止你换一种心情去解决一个持久的问题？

♦ 冷静的状态什么时候会阻止你采取某些行动？

102 做足功课，看准出手

有些时候，我们需要慢慢行动，悄无声息且神不知鬼不觉。

有些时候，你需要谨慎观察一个不起眼的问题，还不能让自己显得太招摇。我们希望从不同的角度去探讨一个问题，不希望在此过程中引起任何骚动。当我们在消化自己收集的信息时，不想预先判断正在发生的事情。我们希望做好准备，在时机成熟时大步前进，但也认识到，在特定时刻，秘密行动和保持安静比公开行动更重要。

萨莉娜有时觉得处理问题的难度太大了。在行动达成一致之前，她需要更多地了解员工和客户的想法。她希望安静但有目的地参与讨论，并仔细倾听各种不同的观点。当她阐述自己的想法时，她小心翼翼地避免过早发言，以免思路不清。萨莉娜与意见形成者安静而谨慎地交谈，然后得出结论，她已经准备好提出下一步该怎么做了。

思考时刻

♦ 你什么时候需要自下而上地仰视问题？

♦ 你需要从最接近行动的人当中寻找谁的观点？

♦ 对你来说，秘密行动意味着什么？

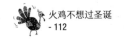
⟨103⟩ 打个盹儿，再干活儿

短暂的休息可以让大脑恢复活力，让它清晰地思考未来。

当我们放慢大脑活动和身体活动的速度时，就是在让自己的身体恢复活力，让大脑在潜意识里建立联系。貌似大脑只关闭了几分钟，可当你重新开始处理一个问题时，你接下来的步骤会变得更加清晰。短暂休息的过程（比如五分钟）可以产生明显的效果，让不同的信息片段在大脑中连接起来，接下来的步骤就会更加清晰了。即使是五分钟的休息也能产生深远的影响，尤其是加入一些身体运动的时候效果更佳。

萨莉娜的工作节奏总是很快。如果她放慢脚步，就会认为那是失败的标志，而不是自我照顾的正当手段。经过一段时间的肺炎病痛之后，她意识到需要更好地照顾自己。她仍然想从事高要求的工作，但她已经告诫自己，短暂的休息对她的平静和健康至关重要。

思考时刻

♦ 什么样的短暂休息最适合你？

♦ 你如何确保自己得到有规律的短暂休息？

♦ 你如何让大脑连接不同的信息片段，然后在适当的时候提出前进的方向？

⑩④ 左脑冷静，右脑闹腾

倾听内心的声音，会带给你新的洞察力和决心。

在任何严峻的情况下，你的脑海中都会有一个声音在给你出点子。这些点子可能来自过去的经验，或者来自受人尊敬的人在类似情况下可能会想和会做的事情。你不妨这样问自己："如果我保持冷静，在这种情况下，我会怎么想？我会怎么做？"你也可以同样郑重地这样问自己："如果我很大胆，在这种情况下，我会怎么做？"虽然这两个问题始于不同的前提，但很可能引出相同的答案。

萨莉娜意识到，她的主要情绪是决心、承诺和想要有所作为的愿望。她做瑜伽，让自己进入更平静的心境，心的深处会有一个不同的声音在对着她说话。她会故意问自己："在这种情况下，平静的声音想对我说什么？"这样，她从只会处理临时的影响转变为可以展望长期的结果。

思考时刻

♦ 你如何才能听到你脑子里平静的声音？

♦ 你如何将脑海中表达沮丧的声音和主张冷静的声音并列在一起？

♦ 冷静的状态什么时候会阻止你采取某些行动？

⑩⑤ 久别情更深

有时候，为了锻造一个更强大的团队，团队成员之间需要疏远一段时间。

当我们与他人密切合作时，我们可能会达到彼此太了解的程度。我们把对方的优点视为理所当然，还介意某些关系的不足之处。有些对话让人感到枯燥又刺耳。我们会因为太频繁地出现在对方面前而感到不知所措。也许我们需要花时间做其他事情，这样，当我们回到团队模式时，就能更充分地欣赏彼此的优点和品质。

如果一位亲密的同事不断挑衅萨莉娜，她就会变得很恼火。假期来临时，萨莉娜很高兴，这几个星期终于不用和此人打交道了。让萨莉娜感到惊讶的是，在假期结束时，她发现自己很期待与这位同事交流。这个人挑衅的方式让萨莉娜感到十分痛苦，但萨莉娜重视此人的方法以及对她们共同努力的承诺。

思考时刻

♦ 在什么时候分开一段时间才能重新获得尊重？

♦ 当我们回到工作环境中时，我们期待与谁合作，为什么？

♦ 我们如何在对待同事的方式中平衡尊重与喜爱的程度？

⬡106 随时都有空＝怎么都没空

随时都可以做的事情往往无法完成。

你应该让志愿者自行决定什么时候开展各种活动，并相信他们对这项事业的承诺意味着他们是认真负责的，他们必定会去做承诺要做的事情。与此同时，你意识到志愿者有许多不同的优先事项，承诺要随时做某事可能意味着永远完不成。你要冷静地接受这样的事实——承诺的事情只有一部分可以完成，而其他的事情永远不会发生。

萨莉娜意识到，如果她把一些活动纳入她可以随时做的任务类别中，那么这些活动就有可能永远不会发生。萨莉娜不想给自己施加过多的压力，但她从自己的经验中得知，如果一个任务不是很重要，她也得设法分配一点时间来处理，将该任务列入自己的一周计划中，而不是无限期地拖延。她发明了一种方法，每周完成几项不重要的任务，然后把它们从她的"待办事项"清单上勾掉。

思考时刻

♦ 你什么时候会告诉自己某项任务可以随时进行？

♦ 在多大程度上，"随时都有空＝怎么都没空"呢？

♦ 你如何最好地分配时间给次要的任务？

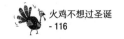
107 不要画蛇添足

有时候，最好从远处观察一个问题，而不是随手去处理。

有时候，你可能想要介入并处理一个问题，而这样做可能会适得其反，是吗？大家已经商定了行动方针，并承担了明确的责任。你无须介入整个过程，这符合你的最大利益，如果你参与进去，可能会削弱整个行动。有时候，人们需要吸取教训并调整自己的思维方式。大家需要时间来自寻出路，你的介入不符合整体的利益。

萨莉娜想要拯救一位同事，使他免于因自己所犯的错误承担后果。另一方面，萨莉娜认识到，这个人需要从自己的失误中吸取教训，并调整自己的心态和方法。这位同事需要时间和空间，在没有萨莉娜参与的情况下独自做出下一步行动。她意识到自己需要等待时机，等到这位同事度过了这段艰难的经历并准备以建设性的方式向前迈进时，她才出手相助。

思考时刻

♦ 你什么时候会对一个人保护欲太强？

♦ 什么能帮助你在适当的时候表现出支持？

♦ 你独处的时候会反省吗？

⟨108⟩ 谁笑到最后，谁笑得最美

注意，不到最后一刻，永远不要过早庆祝。

你可以给每个进步做一个标记，并预测中间步骤何时完成，但在中间阶段过早庆祝，可能会导致自满，还会忽略别人的进步。你可能会因为自己比竞争对手进步更快而沾沾自喜，但如果自满情绪蔓延开来，竞争对手可能会更快地跑到前面，把你甩在后面。重要的是，我们要让大家在享受中间小成果的同时专注于最后的终极目标。

萨莉娜给她的团队带来了极具感染力的热情。她会在取得进展的过程中制造出一阵欢声笑语。她曾有过一次不幸的经历，当时她庆祝得太快太早，期望的结果却被推翻了。萨莉娜从中吸取了教训。她知道，除非她和组员们达成共识，否则她就无法让大家在完成一个项目后获得完全的满足感。提交提案的那一刻是值得纪念的时刻，但最终的成就取决于大家一致同意该提案。

思考时刻

♦ 你如何在庆祝阶段成果和保持前进势头之间取得最佳平衡？

♦ 你如何确保自己不过早庆祝成功？

♦ 你如何对竞争对手的进展保持警惕？

109 省钱就是赚钱

我们可以把效率看作是痛苦的损失，而不是珍贵的收获。

我们可以把对效率和节约的追求视为逆行，因为它为未来的活动提供了一个更坚实的基础。作为一家培训公司，我们逐渐减少了办公空间，走向了虚拟化。当新冠肺炎疫情来袭时，我们意识到我们是多么有先见之明，我们现在处于一个有利位置，可以在不增加额外开支的情况下继续运营培训业务。工作变得更加有弹性，不再为日常开支担心。

萨莉娜对新员工们说，她想听听他们在两个月后对"哪些资源可以节省和更好地分配"有什么感想。萨莉娜结合了强大的、支持性的、持续的和鼓励式的领导方法，以及对金钱价值的坚定信念，免去了可能被视为浪费的活动。她有意设法清楚地说明资源在哪些方面发挥了良好的作用，并赞扬那些提倡这种领导方法的人。

思考时刻

♦ 在有效利用资源方面，你需要坚持多久？

♦ 通过节约资源的取舍，你能为未来提供什么资金？

♦ 自然的做法是为了消费而储蓄，还是为了储蓄而消费？

⟨110⟩ 不辛苦，无收获

若想取得进步，不可避免地要承受一定程度的辛苦。

体力劳动的痛苦是体育成功的先决条件。努力思考的痛苦是解决难题的出发点。有效的挑战可能是痛苦的，但也可能迎来有目的的对话和合理的结论。痛苦和进步交织在一起，让人感觉十分艰难。重要的是，我们要坚持全体的意识，要认识到痛苦的探索比自满的冷漠更有可能带来进步。

萨莉娜知道她需要重组团队，以帮助大家共同发展。萨莉娜知道，她必须非常清楚地表达变革的原因以及将如何支持组员们度过转折期。她想要帮助大家理性地看待更大利益，即使他们的工作正在发生根本变化或正在消失也无妨。萨莉娜帮助组员们认识到，如果他们调换到其他岗位，可能会有利于他们的事业发展。

思考时刻

♦ 在什么情况下辛苦工作会给你带来更好的结果？

♦ 在艰苦时期，你如何与人沟通，让他们尽可能积极起来？

♦ 你如何既同情别人的痛苦，又能明确关注对组织最有利的事情？

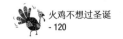
⟨111⟩ 静水流深，大智若愚

如果有人沉默寡言，请不要低估他们的能力和业绩。

团队中沉默寡言的成员的观点可能会被人忽视，但有时他们的贡献同样重要，甚至可能更重要。比起那些易冲动的人，善于思考的人往往能把各个焦点串联起来，以便看到更长远的后果。任何大学教授的关键技能之一就是吸引那些比较安静的人，因为他们通常会带来有价值的深度理解和观点。

萨莉娜录用了一个以前和她共事过的同事，她知道这位同事总是能悄无声息地给出深思熟虑的建议。他善于吸收信息并提炼出要点。萨莉娜知道，与这位同事的任何交谈都会让她平静下来，并为她提供有价值的见解。当萨莉娜坚持不懈地专注于某个问题时，这位同事身上的沉默和安静就会感染到她。萨莉娜确定，此人绝不会被其他组员低估。

思考时刻

♦ 你什么时候会对安静的人不以为然？

♦ 你如何使周围那些相对安静的人发挥出更好的作用呢？

♦ 你如何确保在讨论中给安静的人以足够的空间？

⑪⑫ 欲速则不达

有些时候，我们需要加速工作，但也得小心，不要让自己变得筋疲力尽。

你知道，你可以在必要时进入深思熟虑的快速思考和坚决果断的操作模式。你喜欢成为快速变化的环境中的一分子，因为你可以在这种环境中做出有益的贡献。你享受同伴的情谊和成就感，但同时，你也应意识到这会让你筋疲力尽。你知道，需要认识到这些风险，并在你可以在慢速操作时加强防范。你在周末比以往任何时候都更需要空间。

当萨莉娜超负荷工作的时候，最好的解药就是花时间和她的孩子在一起，这有助于让她以不同的视角去看待余生。有些时候，她需要和孩子们一起做一些消耗精力的活动来抵消工作的影响。还有些时候，最宝贵的是抽出时间与孩子们一起安静地思考，给他们读书，或者跟他们一起观看儿童节目。

思考时刻

♦ 当心，不要超负荷工作。

♦ 留意，超负荷工作会导致焦虑和疲惫。

♦ 记得要限制超速工作的时间，慢速规划周末，以缓冲你的超速工作。

⑪⑬ 从自卑情绪中走出来

留心什么会引起你的怨恨与不平，不要让它影响你的判断力。

在我职业生涯的早期，一位体贴的老板曾经问我，如果我没有上过牛津、剑桥等名牌大学，会不会因此而恼羞成怒呢？他们的话给我敲响了警钟，我需要根据自己的身份和背景来思考和前进，而不是考虑我的教育是不是不如别人。指导对话通常包括帮助个人重新构建背景和经历，比如，如何道歉，如何庆祝，如何充分利用自己的独特背景。最终，他们的背景变成了视角的来源，而不是扭曲的镜头。

萨莉娜觉得自己上的是一所三流大学，她一直在努力证明自己可以和那些据说受过更好教育的人一样高效地工作。她从历任老板那里得到的普遍赞誉逐渐削弱了这种扭曲的自我形象，但这种自卑感会周期性地出现，且需要得到承认和淡化。

思考时刻

♦ 你内心潜在的怨恨是什么？

♦ 这些怨恨是如何给你能量和目标感的？

♦ 你该如何对抗那些阻碍进步且让你筋疲力尽的怨恨或自卑感呢？

⑭ 中和悲伤的小调料

如果我们一直闷闷不乐，那就破坏了我们取得进展的前景。

一种希望和期待的感觉可以带领我们前进。我们对未来美好时光的憧憬让我们充满动力，但是，如果我们感到停滞不前，我们的快乐感就会大幅下降。工作乐趣消失了，我们会觉得工作中的任何快乐都消失了。我们需要一些东西来鼓舞我们的精神，帮助我们看到未来的可能性。我们希望从别人那里得到鼓励，但感觉进展十分缓慢。我们意识到，必须一步一个脚印地前进。

萨莉娜意识到，如果她的孩子不快乐，她的工作目标不能实现，她的生活乐趣就会大打折扣。当生活艰难的时候，她需要一些东西来让自己保持乐观，比如，和鼓励她的朋友聊天，或者和她的教练交谈。她意识到自己的低迷可能会传染，因此，她需要趁早去捕捉低迷期。

思考时刻

♦ 当你情绪低落时，会有哪些预警征兆？

♦ 你观察到哪些模式可以帮你度过低迷期？

♦ 你如何减少低迷期对他人的不利影响呢？

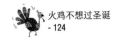
⑾⑤ 亲切但不要太亲近

如果你与某些同事的想法过于一致，可能会让你的方法趋于盲目。

在优秀的团队中，你与同事建立了亲密关系，但在评估哪些工作关系富有成效的时候，你需要保持距离，以保持客观的判断。过于接近某些人可能意味着你吸收了他们的偏见，并以可能无益的方式模仿他们的行为。在任何工作环境下，你都需要扪心自问："我该如何保持合理的距离，才能客观地看待发生的事情？"

萨莉娜希望自己与一位值得信赖的同事保持步调一致，但她意识到，有必要保持思维和贡献上的高度独立性，这样才能充分发挥效力。她与这位同事的合作关系是相互支持的，但有时两人需要各自做出独特的贡献。如果他们总是达成一致的意见，那就可能被视为"串通一气"，因此就不会得到认真对待了。

思考时刻

♦ 你什么时候会为了自己的利益而和某人走得太近？

♦ 你如何在有效挑战的同时保持强烈的相互支持感？

♦ 你什么时候可能会面临与同事过分疏远的风险？

116 猫有九条命，吉人自有天相

一次小灾小难，甚至明显的失败，未必会造成致命的后果。

我们可能会担心，一旦走错一步，我们的事业就会永远受挫。我们害怕说错话或做错事，因为我们害怕自己的名誉受损且永远无法恢复。我们怀疑，如果犯了错，失败可能会困扰我们的余生。所幸，我们注意到有些人貌似可以不断地从重大灾难中恢复过来。也许我们可以从他们的经历中得到安慰，并坚信我们自己也可以从不幸中恢复过来，还可以从失败中学到比明显的成功更多的东西。

萨莉娜总是陷入这样的境地：有时她的建议没有像她希望的那样奏效，有时她与有影响力的人产生了矛盾。但她的适应能力很强，能从别人可能认为是毁灭性的困境中恢复过来。当她犯错时，她的名誉也受到威胁，但她能证明自己在其他领域取得了进展。她的反应速度使她陷入了棘手的境地，但也让她能够迅速重建自己的声誉。

思考时刻

♦ 你如何从痛苦的处境中走出来？

♦ 你如何平衡明显的失败和提前的进步？

♦ 你什么时候需要像猫一样狡猾脱险？

⑪⑰ 游手好闲是万恶之源

当我们不忙的时候，我们可能会搞恶作剧吗？

当我们不那么忙的时候，我们可以在新领域内学习和思考，或者推进一些次要的任务，这是一个好机会。然而，当压力消失时，我们就会倾向于用适得其反的方式来思考问题。当我们没有达到自己期待的效果时，我们可能会不断地回顾那些出错的事情，并对那些我们认为不称职或卑鄙之人的行为耿耿于怀。当不那么忙的时候，我们就会开始沉浸在不真实的恐惧中，或者全神贯注地思考如何操纵局势以满足我们的需要。

萨莉娜意识到，如果她有太多空闲时间，她就能看到根本不存在的"阴谋"。如果她有很多时间去思考别人的动机，就会更倾向于思考消极的风险而不是积极的机会。

思考时刻

♦ 当你无所事事的时候，你如何确保自己更关注机会而不是威胁呢？

♦ 你什么时候可能会看到歪曲事实的操纵行为呢？

♦ 当你想操纵对你有利的局面时，你如何找到最佳状态呢？

⑪⑧ 小洞不补，大洞吃苦

与其花钱治疗，不如投资预防。

每一个关注公众健康的机构都认为，从长远来看，投资于健康保障可以大大节省更多的医疗开支。我们保护我们的孩子，是为了将身体患病或情感创伤的风险降至最低。当一个项目出现问题时，我们努力保护那些仍在起作用的元素，同时寻求解决潜在的问题。乍一看，"保护"像个"否定词"，否定了被保护者的能力，但美好的奋斗寄希望于培育未来可以建立在此基础上的美好事物。

萨莉娜被告知，她的项目有一部分没有按照老板希望的方式完成，根本问题还有待解决。萨莉娜意识到了问题所在：她的出发点是看看组织中什么元素运作良好，并在做出根本性变革的同时保留良好的元素。她想要培养和保护一些元素，以便它们在这个需要彻底改革的组织中蓬勃发展。

思考时刻

♦ 你如何保护好那些善良的人，而不过分保护那些冷漠的人？

♦ 是什么让你看到了在需要根本性反思的情况下可以建立的良好基础？

♦ 在什么情况下过度保护会适得其反？

(119) 良好的开端是成功的一半

一旦我们开始了，我们离目标就只有一步之遥了。

通常，最大的障碍是一个项目或任务的组合成型过程。我们想弄清楚各个组成部分是如何拼合在一起的，其目的和最终目标是什么。当我们没有前进的动力，仍在绞尽脑汁地想办法解决问题时，我们可能会变得情绪低迷，产生失败主义者的态度。一旦我们制订了计划并迈出了第一步，我们就踏上了通往目的地的道路，虽然，到目前为止我们可能只取得了有限的进展。

萨莉娜依赖于一个关键委员会的决定。一旦这个委员会同意了一个特定的项目，她就有权去执行了。关键是要争取到该委员会成员的认可。一旦获得了支持和认可，任务就能开始，萨莉娜就做好交付成果的准备了。

思考时刻

♦ 你什么时候意识到一个任务或项目已经妥善开始了？

♦ 你能让自己相信，当一个项目妥善开始时，它就会顺利地完成吗？

♦ 是什么让你从只有想法转变为启动任务呢？

⑫⓪ 美貌不过一张皮

不要被外表所迷惑。

我们可能会被貌似完美的东西震撼。我们不相信我们能交付同样质量的产品或成果。我们将某人视为潜在的理想招聘对象，并不一定要充分了解他的背景且进一步挖掘他的某些缺点。每个人都有怪癖。我们很有必要欣赏他人的品质和状态，同时认识到他们也会有紧张和不完美的时刻。只有认识到不完美的存在，你才有可能取得现实的进展。

萨莉娜意识到，她与之交谈的承包商都在寻求提供完美的产品。她试探他们如何应对不可预知的事件，以及当他们的时间表受到质疑时如何恢复常态。她强烈要求他们要有弹性和反应能力，因为她知道，项目一开始就会出现不可避免的问题。萨莉娜欣赏承包商们把他们的计划表井然有序地放在一起的整洁感，但也意识到，光鲜亮丽的展示可能意味着承包商更关心表面而不是可持续的成果。

思考时刻

♦ 你什么时候面临着被完美的外表欺骗的危险？

♦ 当你的演示很流畅时，你如何评估哪些是实质性的内容？

♦ 你如何理解"最重要的是实质内容而不是表现形式"？

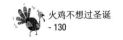
121 与其锈坏，不如用坏

与其孤立无援，不如积极参与。

在任何年龄，保持活跃和忙碌对精神敏捷、身体健康和情绪健康都很重要。当我们的大脑保持活跃、思维对他人的需求敏感时，我们就能对周围的世界做出反应，并能适应不同的情况和需求。如果我们一直待着不动，思想就会僵化，体格就会退化，情绪就会因为孤立而变得迟钝和扭曲。于是，我们承受着时光凝结的危险，无法有效地与潜在的合作伙伴打成一片。

萨莉娜经常平衡自己对运动和静止的需求。她努力保持心理、精神、身体和情绪上的警觉和活跃，因此表现十分出色。她也知道安静和沉思的时刻对自己很重要。她不想安静地空闲太久，因为她害怕自己的生活方式变得过于僵化或陈旧。她转而强调永久保持活力的必要性，也许有点儿过分了，但她坚信，这是保持平衡和健康的最佳方式。

思考时刻

♦ 是什么让你在身体、智力、精神和情感上保持活跃和敏捷？

♦ 你什么时候会面临筋疲力尽的危险？

♦ 某些感知什么时候会变得僵化？

(122) 渡河要挑最浅处

务实一点，不要跟自己过不去。

如果我们想要向自己和他人证明自己可以把难事做好，有时候我们会虚张声势。是时候走上冒险之路了，不妨向自己和他人证明，我们能够以史无前例的方式取得成果。我们很有必要思考一下，达到目的最简单、最直接的方法是什么。我们可能会使所需的步骤过于复杂，这时候需要这样提问："从这里出发，到达目的地，我们如何尽可能简单利落地完成呢？"

萨莉娜有时会问这样的问题："从A到B，如果我们要分两步走，该怎么安排呢？"她的技巧是促使人们关注最简单、最直接的解决方案。她认为大家可以讨论这些复杂的问题，但她自己想从一个简单的命题开始，然后再细究复杂的问题及其可能产生的风险。

思考时刻

- 什么会阻碍我们找到直截了当的解决方案呢？
- 你什么时候会渴望一个复杂的解决方案呢？
- 你倾向于关注达成结果所需的关键两步吗？

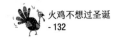
123 你欢笑，世界就同你一起笑

微笑是有感染力的，咆哮是有传染力的。

模仿别人的行为是一种自然的反应。当我们对人微笑时，别人更有可能回以微笑；当我们对人暴躁时，别人更有可能以暴躁的方式回应。在会议中引入幽默，让人们看到事情有趣的一面，可以缓和紧张局面，让人们在参与中变得更加积极。如果会议能在轻松的气氛中结束，与会者带着微笑离开，那么，他们更有可能记住：这次会议是愉快的而不是痛苦的。谈笑风生可以使谈话场景变得轻松愉快。如果你嘲笑别人，就会产生一种恐惧感，那就是，别人也会嘲笑你。

萨莉娜的行为举止乐观欢快，与她打交道的人脸上总是洋溢着微笑。她知道，如果别人喜欢和她一起工作，就更有可能回应她的请求。在任何场合，她总是寻找幽默，愿意温柔地逗弄别人，也乐于被别人逗弄。她建立起一种同志情谊，让大家一起欢笑。

思考时刻

♦ 你的微笑有多大的感染力？

♦ 你如何运用幽默使谈话轻松起来呢？

♦ 你如何把快乐带到复杂的会议中去呢？

⑫ 给你的正能量"打个包"

如果你能够抓住困境中的积极因素，那么，它将为未来提供一个良好的基础。

一个正在经历新冠肺炎危机的组织谈到了"给你的正能量'打个包'"。这个比喻提供了一种良性模式，可以捕捉"在家工作制"带来的积极变化，并迅速应对不断变化的环境需求。障碍已被打破，新的工作方式已被迅速引入，数字机会得到了更好的利用。在"打包"结束后，人们可能会回到以前的工作方式，因此，他们希望在实现工作和合作的方式上取得突破，从长远来看，这是很有价值的举措。

此前，萨莉娜曾因每周有一天在家工作而略感内疚。在很多人在家工作的时期，这已经成为一种普遍的现象。萨莉娜觉得，这在尊重在家工作的人方面取得了突破。她希望确保未来的工作方式能够在虚拟空间工作和与同事在同一空间工作之间取得平衡。

思考时刻

♦ 你如何在危机中寻找积极的一面？

♦ 你如何捕捉并保持工作实践中的积极变化？

♦ 当一个组织遭遇重创之后准备重整旗鼓时，你希望哪些潜在价值不会丧失？

第五章

风险清单

职场有风险，劝君多谨慎

125 不要嗤之以鼻

小心你的肢体语言，不要流露出不赞成或蔑视的态度。

你正在努力工作，并希望取得成果，却收到一条看起来毫无用处的评论。你感到恼怒，认为这个观察结果是没有根据的。你知道，你必须要考虑这个评论，要有耐心，但是，你的整个身体都感到厌烦，你的面部表情也透露出你想要驳回这条评论，认为它无关紧要，没有帮助，或者是错误的。你先通过肢体语言表达了你的反应，然后再考虑如何做出建设性的反应。

哈里意识到，他有时会摆出不屑一顾的样子。他的同事们从他的身体反应中知道他接下来会说什么话。他的言行中可能都带有一种不赞成的调子。他试图遵循正确的顺序——先过过大脑，然后动嘴说出来，最后再配上身体语言，可结果却背道而驰——先蹦出肢体反应，然后脱口而出，最后才恍过神来，真是后悔莫及。怎么办呢？当哈利的行为举止开始流露出不赞成的迹象时，需要值得信赖的人来提醒他。

思考时刻

♦ 你的肢体语言什么时候会泄露你的心情？

♦ 当你在思考某事时，如何让脸部表情舒展自然呢？

♦ 你该何时发出反对的信号呢？

⑫ 活在当下，拒绝未来

注意，不要只关注现在而不为未来做准备。

有时候我们必须活在当下，不要太担心未来。目前可能有一大堆事情要做，我们必须立即完成，总有机会去展望未来，并从已经发生的事情中吸取教训。当我们继续活在当下时，可能会落后于那些考虑未来机会的人。我们认为，我们一直在做正确的事情，只关注眼前的问题，而没有看到我们本应解决却没有时间及时处理的一些后果。

哈里喜欢处理迫在眉睫的问题。他在自己的"待办事项"清单上划掉几行，并标出他在哪里赢得了人们的支持，因此得到了很大的满足感。作为一名政治家，他深知，在短期内赢得民心的同时，也要倡导未来的方向。他需要建立可信度，做一个设定了连贯的前进方向的人，而不仅仅是一个解决眼前问题的人。

思考时刻

♦ 在什么情况下你可以只关注眼前的事情？

♦ 是什么阻止你更专注于长远的考虑？

♦ 你如何为自己的未来做更好的准备？

⟨127⟩ 装小丑，引围观

小心你的行为，免得有人把你当作白痴。

我们可能想要叛逆，并表明现状已经不可持续。我们力求根据自以为无可辩驳的证据，提出有分寸和建设性的论点。我们似乎没有取得进展，只得采取奢华而吸引眼球的方式。然后，我们感觉自己在与某些人打交道时取得了进展，但会怀疑他们是否认为我们想法怪异或不善思考。要明白，一旦引起人们的关注，我们就得回归论据充分且合理的立场。

哈里有时会讲一些牵强的故事来吸引人们的注意。他愿意冒被人们以为很愚蠢的风险，以便人们认真倾听他说的话。在引围观之后，他会强调那些他认为重要的关键点，并用一些有价值的证据来阐明前进的方向。哈里意识到，他可能确实表现得太古怪和傻气了。

思考时刻

♦ 你什么时候可能会过度评论，而有人会认为你的评论荒谬或愚蠢？

♦ 如何在不损害自己名誉的前提下吸引别人的注意力？

♦ 你出于善意而装傻，这样可以联络感情吗？

(128) 唱高调，摆架子

注意，不要让人觉得你把别人的好点子当成了不相干的废话。

强壮的马儿在田野里奔跑，踩扁了灌木丛，人们因为害怕受伤而不愿意靠近它。有时候，我们可能会利用自己的立场，以教条的方式来维护一个特殊的前进方向。我们认为，我们需要明确的方向，并期望别人也遵循，因为我们的论据很有力。对于那些觉得自己的观点被压制的人，我们可能会变得漠不关心。他们避开我们，因为他们不想被我们的强词夺理所践踏。

哈利意识到，他喜欢强行教人们如何去思考。他年轻时曾经崇拜过当地自由教会的牧师，作为一名政治家，他在演讲中采用了那些牧师的一些技巧。他知道，有时他说话时不得不顶住诘问者，因此他养成了一种相当武断甚至尖利的腔调。哈里也意识到了自己表现出的过分热心和教条主义，以及可能不听从选民意见的姿态，可他需要人民群众的投票支持。

思考时刻

♦ 你什么时候会夸大你的论点？

♦ 你什么时候会变得尖酸刻薄且毫无同情心？

♦ 你如何判断何时该缓和你的语气？

⑫⑨ 引争议，如玩火

如果你进入了有争议的领域，务必要注意潜在的危险。

对于大多数小组或团队来说，有一些话题是非常有争议的。当进入那个空间，你会意识到你的评论正在被人非常仔细地观察。当你提出一个有争议的问题时，尤其是当你提出一个可能挑起情绪反应的方法时，大家可能会陷入一阵沉默。当你需要考虑一个有争议的问题时，你必须做好充分的思想准备，这样，参与者才愿意尽可能理性地解决问题，而不会被根深蒂固的情绪化反应所蒙蔽。

哈里意识到，在他所在的团队里，有些引起分歧的问题几乎从未被提及。哈里认为，如果他发表与团队内的其他成员不一致的观点，就会削弱自己的支持力量。哈里承认，他必须务实地调和自己所坚持的东西与团队内部其他成员的偏好。但有时他觉得自己别无选择，只能解释为什么他没有和团队内的其他成员达成共识，因为他知道，这可能会危及自己的未来。

思考时刻

♦ 你什么时候会避免进入有争议的领域？

♦ 你会选择何时提出一个必然会导致分歧的建议？

♦ 什么时候说一些有争议的话对你有益呢？

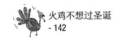
⑬⓪ 说漏嘴，泄露秘密

务必留心，不要在你的想法尚未发展成熟之前就与人分享。

当我们得知一条信息时，就很难假装不知道那条信息并以中立的态度回答问题。当你正在完善一个想法时，在你以较为完整的方式表达出来之前，如果分享出去，那就有遭受适得其反的风险。我们需要不断提醒自己，我们知道的比我们可能意识到的要多，要利用我们全部的知识去描述事物。

哈里喜欢和记者打交道，但总是很谨慎。有些时候，他会有意识地与记者分享自己的想法，因为他知道这些信息会成为报纸报道的素材。还有一些时候，哈利努力想忘掉一些事情，切断下一步要做什么的线索，尽管他依然知道自己想做什么。哈里不想表现得不真诚，但他意识到，在想法尚未发展成熟之前就分享，反而会起反作用。

思考时刻

♦ 你什么时候可能会无意中泄露秘密？

♦ 哪些技巧对你屏蔽私人信息有帮助？

♦ 在什么情况下你需要加倍小心，以免你的无意评论起反作用？

㉛ 任务切换太快

当心，以免你从一种可能性跳到另一种可能性，却没有三思而后行。

当生活变得疯狂时，我们就会匆忙地从一个任务跳到另一个任务。我们的成就感可能来自每天划掉"待办事项"清单上的项目，或者尽可能多地挤出时间参加会议。我们可能非常喜欢高强度的活动，并取得些许进展，但这样可能会感到匆忙、疯狂和没完没了。我们必须强迫自己停下来休息一下。必须分清轻重缓急，并意识到这样的事实——足够好就是足够好。还需要认识到，如果要分配时间来关注当前任务之外的事情，有些事情就无法完成。

哈里被一连串的电子邮件缠身，他觉得有必要回复一下。前一分钟还在担心垃圾成堆，后一分钟就转向教育话题了，紧随其后的是某家医院出现的难题。他感到被无休止地摆布着，分不清轻重缓急。他知道，他需要抽出足够的时间来处理眼前的事情，并为重要的事情和长期的事情留出一点儿时间。

思考时刻

♦ 你什么时候会面临事务根本停不下来的危险？

♦ 如何停止从一个即时问题跳到另一个即时问题？

♦ 你怎样才能为重要的长期目标留出时间？

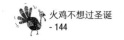
132 茶杯里的风暴

　　请保持警惕，以免你在一个小问题上挑起争端，因为这可能会吸走你本应该关注更大问题的注意力。

　　你可能会注意到，有人在一个小问题上挑起争议，吸引了那些本来应该处理更重要问题的人的注意力。你观察到，有人如此专注于一件事，以至于一直不放手，虽然他们很清楚现在不是尝试转向另一个前进方向的时候。你需要加倍留意，在挑起一个问题之前要估测一下你的介入会引发怎样的反应。

　　哈里有时故意就当地问题发表有争议的观点。有时这种做法对他有利，有时则招致批评，因为有人认为他过于专注于次要问题，而不关注影响他所代表领域的根本问题。他知道，他只能引起媒体一定程度的兴趣。且随着时间的推移，他越来越谨慎地对待自己挑起的问题了。

思考时刻

◆ 你什么时候会故意挑起事端？你是怎么做到的？

◆ 你从那些挑起局部争端的人身上学到了什么？哪些奏效，哪些不奏效？

◆ 你如何阻止自己制造不必要的争端？

⑬ 一粒老鼠屎坏了一锅汤

你要明白，你一个人的小污点也可能破坏一个潜在的好结果。

我们可能想要坚定地提倡一种特定的观点。同时我们意识到，其他人正在围绕一种不同的方法建立共识。我们不想破坏对未来优先事项形成的共同看法，但我们确实认为，忽视我们个人的观点是不被尊重的表现，且目光短浅。我们扪心自问，什么才是更大的利益？这是不考虑个人观点但仍高效的统一方法，还是我们一直在鼓吹但没有任何进展的个人观点？

哈里喜欢做一个叛逆的人。他希望与他的团队成员不同，但如果他的竞争对手试图离间他和他的团队，他就会变得非常敏感。他希望既能与团队成员保持一致，又能令人信服地表达相反的观点。哈里的团队成员逐渐接受了他有时会表达不同观点的事实。尽管如此，他们还是承认他是他们团队内的重要成员。

思考时刻

♦ 当你决定支持多数派观点的时候，你是不是要深思熟虑呢？

♦ 当你表达与正在达成的共识相反的观点时，你是不是要深思和权衡呢？

♦ 你是否承认，有时你会感到孤立，且需要收回自己的反对意见？

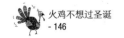
⑬④ 抓住稻草，救不了命

请注意，不要紧紧抓住次要的或未经证实的证据来支持你的观点。

你可能会记得这样一个情景：你要开始输掉一场辩论了，还在一直重复你所谓的关键信息。你意识到，最好停止争论，优雅地退出，要么接受自己不会赢得辩论的事实，要么重新部署，拿出更有力的证据卷土重来。你意识到自己面临的危险是，当你感到被逼到一个角落时，你会抓住可能已经过时的观点和假设不放。

哈里意识到，有时他坚持假设的时间太久了。他承认自己的思维并不总是灵活，且过于依赖一些"致命"的事实。他知道，他必须定期补充他的证据基础，必须保持警惕，不要纯粹基于几个例证来确定解决方案。他需要不断地检验自己的想法，以确保自己的观点能够得到更广泛的证据支持。

思考时刻

♦ 你什么时候会过于依赖一两个关键事实？

♦ 你愿意接受与你以前珍视的事实相反的新信息吗？

♦ 你什么时候会决定重新思考一个问题并寻找一套新的指标？

(135) 孤立无援，陷入困境

小心，不要变得孤立无援而没有明确的前进方向。

你在倡导一个特定的前进方向，并认为自己得到了大量支持。这时你有点儿惊讶，你的同事没有更大声地支持你，但你认为这里存在一个共享且共同的利益，这意味着你的观点将受到大家的一致赞同。遗憾的是，你开始发现，支持你主张的声音逐渐消退。当你大声说出自己的主张时，没有人站出来全力支持。你对自己有点儿失望，因为你没有意识到自己面临着被众人孤立的境地。

哈里意识到，他的公开声明要么得到大量支持，要么悄无声息地被大家忽视。哈里明白，当他承诺支持一项特定的事业时，他需要密切关注这项事业是否一直是大家公认的重要任务。在太多情况下，他发现自己冒着被视为过时和脱节的风险，一直在支持一项他并不喜欢的提案。

思考时刻

♦ 你的支持者什么时候会抛弃你？

♦ 你如何与必要的支持者们保持联系？

♦ 你什么时候会接受被众人孤立的境地？

136 今天宠上天，明天无法无天

小心，如果你过度保护某人，他就会变得沮丧，还可能具有破坏性。

你想帮助和照顾那些苦苦挣扎的人。你给予他们很多关注，但可能有过度保护他们的风险——阻断了他们从痛苦经历中汲取教训的努力。你要记得，你可能曾经过度保护一个人，因此他没有学到处理分歧和冲突的能力。他没有学会如何与比他更有进取心的人相处，因此，他不再抱有幻想，且感到沮丧。他会面临这样的困境：他憎恨自己受到保护，也不喜欢自己远离组织生活的混乱影响，这样会变得太敏感或迟钝，反而很难缠。

哈里热衷于挑选年轻且有能力的人来支持自己。他辅导他们，但又期望他们在没有他太多保护的情况下，可以出色地处理难缠的会议。哈里知道，这些年轻人要想成长为有效的倡导者，就需要培养适应能力，使他们在任何情况下都能保持沉稳和得体。

思考时刻

♦ 享受培养年轻人才的过程，但不要过度保护。

♦ 当人们需要经历困难的时候，请留心不要阻止他们学习。

♦ 学会松手，让他们走出你的影子。

⑬⑦ 做事不一定要一步到位

请注意，不要在搞清楚一切因素之前过早地奋力抓住一个结果或一个选项。

你希望直接得出一个结论。最初的结果看起来很吸引人，而且你认为该结果将满足你的要求。你试图迅速结束谈话，因为你看到了前进的方向。在所有这些谈话中，多一点耐心可能有助于听取更多人的观点，并更充分地检验不同的情景。在谈话活动结束时，你首先要明白自己希望达到的目标，这样可以帮你了解如何及早做出决定。

哈里意识到，当他不耐烦的时候，可能会在谈话中过早地得出结论。他必须不断地提醒自己耐心等待，一直到大家开始接受某个前进方向。如果他试图过早结束谈话并假定达成一致，就有可能得不到全体一致同意。他需要判断同僚们何时会因为精疲力竭或跳过选择过程而赞同他偏爱的方法。

思考时刻

♦ 当你想快速抓住一个机会时，如何更好地克制自己呢？

♦ 你如何一步一步达成共识，而不是指望一步到位？

♦ 如果你急于得出一个明确的结论，如何才能意识到自己会失去什么？

⟨138⟩ 识时务，不碰壁

请留意，对于那些无法克服的障碍，要保持敏锐的观察力和实事求是的态度。

我们观察到人们常带着不切实际的想法，却没有意识到障碍是不可逾越的。如果没有可用的资金却不断地要求进一步的资助，不仅令人沮丧，而且浪费时间。聪明的领导者会评估他们何时可能成功立项，以及何时必然会收到否定答案。任何障碍都需要仔细观察，看看有什么办法可以绕开它或越过它。有时候，你得把障碍视为一个固定点，至少在可预见的未来是这样。

哈里想要改变他的团队在特定领域的政策，并阐述了自己认为有说服力的论点，但由于团队内部根深蒂固的旧理念，他的方法没有得到多少支持。他想坚持不懈地为自己的论点辩护，但又不得不提醒自己，这是浪费时间和精力的。但总有一天，大家会继续前进，或者变得更加开放，乐于接受新思想。

思考时刻

♦ 你如何判断一个障碍是不可移动的或不可逾越的？

♦ 什么能帮助你看清前方的重大障碍？

♦ 什么能帮助你慢下来，客观地看待潜在的障碍？

⑬⑨ 鞭打死马，徒劳无益

当心，不要反复争论同一观点，以免得到越来越消极的回应。

我曾观察到，人们对某个观点的感受十分强烈，以至于他们毫不留情地做出同样的评论。众同事可能会对某个人的反复干预愈发沮丧。当你输掉一场辩论时，最好是退出和重新部署，并接受大多数人的结论，或者根据新的证据重新构建你的观点，选择一个不同的时机来倡导你认为正确的行动方针。

哈里可以在很多场合坚持用不同的证据支持自己的主张。他可以很好地利用幽默来保持人们的兴趣，但在某个时刻，他知道必须闭嘴并退出。他会提醒自己评估成功的可能性，从而不会把时间浪费在失败的事业上。他需要敞开心扉去修正自己偏爱的方法。

思考时刻

♦ 你如何评估自己的观点是否赢得了众人的支持？

♦ 如果你的自尊不让你退缩，你会面临什么风险？

♦ 你能意识到有时你是为了某个目的而谈起某事，并非因为你相信该事吗？

⟨140⟩ 他的得寸进尺，让你措手不及

当心，以免一不小心滑向一个不易防守的位置。

有一次，你容许员工们星期五提前半小时下班。随之而来的就是员工们得寸进尺，开始憧憬星期五提前一小时下班。你做出的让步让他们想要更进一步的让步。还有一次，你决定不去质疑某人近乎霸凌的行为，几个星期后，你得到的反馈是此人对某些人提出了更不合理的要求。你意识到，你需要开始努力去改变让你后悔的管理方法了。

哈里在回复信件的时候尽量自律。当他累了的时候就对自己说，有些信件得等一等。接着，他开始习惯于不像他以前希望的那样快地回复信件。他的秘书提醒他说，他正在放松自己的标准。哈里一开始对此非常生气，但后来意识到，他已经逐渐降低了对回应公众的重视程度。

思考时刻

♦ 你什么时候会放弃自己的标准？

♦ 你会因为你处理人际关系和优先事项的方式始终如一而苦恼吗？

♦ 什么能帮助你在特定领域保持对你来说很重要的标准？

⟨141⟩ 事到临头就蔫了

你要留心，为什么你对采取某种行动失去了兴趣。

你强烈地认为某个特定的方法是正确的，并构建了支持某个特定路线的论据。你注意到自己对这个行动过程的热情已经减少了，却不完全明白自己为什么会犹豫不前。在此行动过程中犹豫不决给我们提供了有用的数据，以便日后考虑这种犹豫是出于正面的、合理的、逻辑性的原因，还是出于情感上的担忧，且希望规避让我们感到痛苦的、潜在的负面评论。

哈里具有敏锐的判断力，他知道自己会因为某个特定方法得到多少支持。虽然有时他会产生强烈的情绪反应，驱使他放弃那个特定的方法。他的情绪反应有时体现为身体反应，比如发热或出汗。他发现了问题的根源——当他珍视的支持者们拒绝他的时候，他就会激动起来。他意识到，在这些情况下，他需要让理性战胜情感，不要对别人的批评过于敏感。

思考时刻
- ♦ 警惕，不要驱散你对前进的热情。
- ♦ 观察你的身体在特定情况下对危险的反应。
- ♦ 努力寻找你犹豫不决的原因。

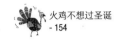
⬡142 万事都要打包票

　　小心，不要认为你中意的选择会得到所有证据的充分支持。

　　在危机中，决策必须基于某些可用的证据。你仔细考虑证据告诉你的事情，以及不同行动方案的利弊。现实中存在着海量的不确定因素，你喜欢的解决方案都不是完美的答案，因为这些数据并不能引出正确的方法。若想快速做出决定，你必须依赖部分信息而不是完整信息。

　　以前，如果数字一直在变化，哈里就会发脾气。如果他偏爱的选项被驳回，他会感到愤怒，因为其他人的数据与他偏爱的行动路线的方向不同。哈里在一家慈善机构工作的时候就知道，决策必须基于部分信息，他不断告诫自己，他的工作就是辨别不同信息之间的联系，并在当时的情境之下给出最好的判断。

思考时刻

♦ 在决定行动之前，小心不要追求完美。

♦ 请慎重地说出哪些关键信息会影响你的思维。

♦ 你要努力去影响人们对真实可用的数据或分析的期望。

143 泼凉水，煞风景

要小心，以免不断地挫伤人们解决问题的动力。

每个团队都需要有人能够识别某个行动计划的缺点并提出疑难问题。那些在这方面做得很好的人会与他们的同事合作，以便他们认识到，关注意想不到的后果就是解决问题和继续下一步工作的重要环节之一。他们在表达消极和有挑战性的观点时用了点小技巧，即尊重正在寻求的目标和正在为企业付出的努力。

哈里知道，有些人认为他脾气暴躁且情绪消极。他很快就能看出什么主意会落空。他意识到，他更善于发现问题而不是提供解决方案。当他的意见可能被视为无益时，他试图去解释自己观点的理由，同时充分尊重大家为解决这一问题所付出的艰苦努力。他想让大家相信，即使尚未找到正确的解决方案，他们的努力也是值得的。

思考时刻

♦ 你什么时候会在无意之中给别人的想法泼冷水？

♦ 你如何表现得既谨慎又热情？

♦ 你如何在同一次谈话中平衡挑战和赞扬的尺度？

144 兴奋得忘乎所以

如果你的热情超出了证据的范围，就要小心了。

我们可能会对初步的小成功感到兴奋，并相信，如果我们继续朝着一个特定的方向前进，将创造前所未有的成功。我们充满了激情，相信没有什么能够阻挡我们。风险在于，由于被激情冲昏了头脑，我们对危险的迹象并无警觉，而且认为，与现实情况相比，有更多的人容易热情过头。

哈里热衷于倡导为60岁以上的人提供教育机会的重要性。他认为这是一种让人们保持健康的生活乐趣的方式，但他所在的公益团体中的其他人对这项重要事业却不那么尽心尽力。其他团队成员嘴上说支持，可是每当谈及如何使用资源时，他们优先考虑的却是学校教育。哈里不想放弃为60岁以上的人提供教育的倡议，但同时也意识到，他会失去团队内部一些成员的好感。

思考时刻

♦ 目前摆在你面前的机遇让你兴奋的是哪一点？

♦ 这些兴奋基于的事实有多可靠？

♦ 你如何利用兴奋产生的能量来实现你特别希望看到的进步？

(145) 不要对周遭的事情视而不见

要小心，不要给人留下你对显而易见的事物熟视无睹的印象。

你只是一心一意地追求一个特定的目标，看不到或忽略了与你期望的前进方向不一致的观点或因素。如此，你会拥有一种使命感，但你可能看不到危险，无法警惕新的数据出现或无法预见某些未来事件会搅局。其他人则可能会看到新出现的问题，在他们的眼里，你依然将注意力集中在你个人或之前商定的目标上。

哈里知道，他有时候太专注于自己的利益。他坚定地努力说服别人去支持某个特定的结果。他的决心是一笔巨大的财富，也是一场冒险。他并不总是能察觉到即将发生的麻烦事儿，或者考虑到势态正在发生怎样的变化，而这些变化将危及他力求实现的目标。他知道自己身边需要值得信赖的顾问，这些顾问会成为他的耳朵和眼睛，提醒他注意迫在眉睫的问题。

思考时刻

♦ 你什么时候会为自己的利益变得太狭隘？

♦ 你不想看到且不愿关注的事情是什么？

♦ 谁是你的"耳朵和眼睛"？

⑭⑥ 此人貌似很暴躁

请注意，不要帮倒忙，给业务约定带来不和谐的元素。

有些对话可能因为进展有限而显得乏味。你想要改变现状，并提出一个与公认趋势相反的观点，或者试图改变对话方向的问题。你想要炒作一场辩论，让对话更具活力。你应该在对话中加入一些激情，这样人们就会把他们的想法引向一个新的方向，走出他们自己的舒适区。你想要有目的地激怒别人，同时也要注意你的感叹词会有什么效果。如果是有意为之，这种方法可能成为一种强大的刺激。但如果做过了头，就会导致争端。

哈里喜欢插话，并提出一些挑衅性的问题。他知道，如果做得过火，这既是一种力量也是一种负担。当人们准备好进行高质量的辩论时，这是好事，但也可能导致不良后果：有些人会犹豫要不要发表言论，因为他们觉得哈里的插话有一定程度的不可预测性。

思考时刻

♦ 你什么时候想让过于乏味的会议变得有趣一点呢？

♦ 你如何提出一个挑衅性的问题，但可以开启良好的对话而非暴躁的争端？

♦ 你什么时候需要缓和一下自己在会议上挑衅的欲望？

⑭⑦ 总是骑墙观望

当心别人把你看成是一个总是含糊其词的人。

坐在坚固的栅栏上，你可能会看到风景中的不同元素。坐在带刺的铁丝网上，你可能会分心和痛苦。有些时刻你需要审视一个场景并考虑下一步该走哪条路。人们期望所有的领导者都能及时做出决定。持续的拖延和判断失误的决策一样，会迅速削弱人们对领导者的尊重。

同僚们向哈里施压，要他支持一项特别的提议。哈里需要时间与很多人交谈，但他意识到自己不能拖延太久。他说，他将在十天内决定自己的观点，并且想要利用这段时间与一些有影响力的人交谈。十天后，哈里意识到他是时候表达自己的观点了。他的信誉取决于人们是否认可他权衡了各种问题，并表达了经过深思熟虑的观点。

思考时刻

♦ 你什么时候该承认自己尚未准备好表达明确的观点？

♦ 你什么时候该声明要在指定的时间内表达自己的观点呢？

♦ 你如何评估自己的拖延给他人带去了多少烦恼？

⟨148⟩ 行为反复无常

当心别人会认为你对自己的行为不负责任，爱占便宜且不顾先前的承诺。

你以为你已经和一个同事就某项提案的下一步行动建立了共识。而你得到的反馈是，这位同事传达给别人的信息与此略有不同，他把自己放在了主导地位，而不是与你共同努力。你不能确定你听到的是准确的描述还是扭曲的叙述。你选择一个时间和这位同事开诚布公地谈论你的担忧，最后，你俩一致认为你先前收到的信息是不准确的。

哈里的头脑灵活，他看到新的机遇纷纷涌现。因为目睹了环境变迁，于是他逐渐改善自己的叙述方式去表达一种特殊方法的基本原理。他必须小心谨慎，要在与同事们的交流中保持一致，这就是为什么他的观点在不断变化。哈里知道，保持信任是关键，他应该让同事们充分了解他所传达的信息，以避免造成误解。

思考时刻

♦ 你什么时候会跑在别人前面，即便失去其信任也在所不惜？

♦ 你如何确保迅速行动而不会让人觉得你不负责任？

♦ 你什么时候需要故意踌躇不前，让别人追上你？

⑭⑨ 抬杠不和谐，和谐不抬杠

要留心，不要总抬杠，以免导致不和谐。

周围的人对我们将做什么以及我们将如何与他们打交道抱有期望。我们假定这些人是善意的，并相信无论我们说什么、做什么，他们都会自动赞同我们的想法。我们可能会假设，无论我们做什么都会获得支持和援助，我们还可能意识不到，由于我们放弃了以前的做法，可能在无意中造成不和谐的局面。只有遇到不如意的人，我们才可能会意识到这是个问题。

哈里经常和同事发生小冲突。他充满了想法，并一直想根据他与当地人的多次对话来提出新主张。他意识到自己可能过于迅速地提出了批评性意见，说出或写出了一些别人认为没有根据或不是基于先前共识的东西。哈里一直在努力克制自己，但不一定奏效。

思考时刻

♦ 你如何评估你的评论会给你的同事带来怎样的影响？

♦ 你介意自己是否制造了一定程度的分歧吗？

♦ 你如何保持最佳沟通，从而降低不和谐的风险？

150 谁先撂挑子谁失败

当心，不要在别人还没有好好考虑你的观点之前，你自己就先让步了。

我们可能会因为他人对我们观点的反应而感到失望。我们认为，他们无视我们的观察结果，只关注我们出错的原因。事实上，也许他们正在考虑我们所说话的利与弊，并思忖其影响。风险在于，我们把"皱眉"解读为"拒绝"，而不是"蹙眉思索"。通常，我们需要一段时间才能知道，我们的观点是被悄悄回绝了，还是正在形成前瞻性的思想。

哈里希望在一些同事心中保有好感，因为他希望他们在对他重要的领域给予支持。他意识到他的一些建议不会被同事们欣然接受，他必须决定用多大力度去强调自己的观点，在什么阶段撤回自己的建议，或者倍加坚定地去提倡自己喜欢的方法。如果他从不改变主意，同事们会认为他好战，但如果他不断收回自己的观点，同事们会认为他软弱。

思考时刻

♦ 你如何判断什么时候该坚持某个观点，什么时候该收手？

♦ 你如何权衡在某些方面保持强势而在其他方面优雅撤退？

♦ 什么样的情绪可能会促使你过早地认输？

⑮ 套车之前先备好马

请注意，在试图解决问题之前，先确定你想要前进的方向。

我们可能会过于专注某一特定计划的细节，而没有考虑清楚我们寻求的总体方向是什么，以及对我们最重要的结果是什么。我们喜欢把下一步骤的详细设计混在一起，认为没有必要明确一个前进方向，并与其他主要利益调和一致。可是，如果不能就未来的工作方向达成一致，那么，接下来的步骤就毫无意义。

哈里擅长政治策略，但他可能会过早地涉及细节，而没有就前进的总体方向以及如何对不同部分进行最佳组合以产生预期的整体影响达成共识。现在，哈里首先需要专注于对未来形成一个清晰的视角，以便尽可能确定长期的结果。

思考时刻

◆ 你什么时候可能会过快进入详细设计阶段？

◆ 你如何确保从总体目标开始思考呢？

◆ 谁能帮助你专注于你想要确保的事项，而不是过快地陷入细节之中？

⑤⑤ 蜡烛两头烧，很快就耗尽

要留心，不要妄想在现有的时间和精力之内完成太多的事情。

我们希望在我们工作的组织中产生影响。我们希望确保工作活动和当地社区及家庭活动都取得进展。我们不断地挑战可能的极限，并因不同的活动而充满活力，但同时也意识到我们的时间和精力是有限的。我们需要留意是什么给了我们能量和活力，这样，就不会被疲惫压垮。

哈里完全致力于他的工作、他的社区和他的家庭，并且表现得好像他从未遇到过太大的麻烦。遗憾的是，在一个公共假日期间，他的精神世界坍塌了，他在屋子和花园之间穿梭，内心在苦苦挣扎。这是他需要意识到的一个警告预兆。精力崩溃让哈里震撼了，他决定更加慎重地优先安排自己的时间和精力，这一决心持续了几个星期。

思考时刻

♦ 你什么时候有承担过多责任的风险？

♦ 你如何平衡让你精力充沛的事物和让你筋疲力尽的风险？

♦ 当你筋疲力尽时，你如何处理自己的反应？

⑮ 未听号令就起跑

小心，不要干预得太快。

我们常常观察到有些人急切地想早点介入谈话。比起与他人交流，表达自己观点的冲动可能更有急迫性。介入者的观点可能很好，但如果过早、过于用力或过于焦虑地表达出来，就会失去其影响力。在会议中，影响力通常取决于干预的正确时机和表达的语气。

哈里意识到了自己的急躁。他想提出一些对他很重要的观点，然后转移到下一个话题。他的急躁既是一个优点，也是一个明显的缺点，因为这可能会促使他疏远有影响力的人。哈里意识到，他必须在会议上克制自己，懂得在适当的时机进行干预。他运用了一些技巧，比如，假设在任何对话中他都是第四个发言者，或者，他会限制自己只说三个要点，且不会试图介入所有人的问题。

思考时刻

♦ 你什么时候有过早参与讨论的危险？

♦ 你在参加高层会议时的情绪反应，可能会导致你对干预方式的错误判断吗？

♦ 干预太晚会有什么风险？这会如何削弱你的影响力？

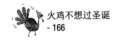
154 总是泼冷水

当心，不要总是提出消极的观点。

冷水有助于植物生长，并使我们在热天保持凉爽。冷水使我们清醒，并使我们对周围发生的事情保持警觉。但对某人的想法泼冷水，可能会立马产生与我们的期望背道而驰的消极反应。你可以表达适当的警告，但要顾及一定的背景，比如，我们需要实现什么，我们正在取得什么进展，以及我们如何创造正确的前进势头。

哈里总是能看到实施建议时存在的问题，经验意味着他能认识到隐患。随着时间的推移，哈里认识到，如果要建设性地接受积极的观点和具有挑战性的观点，他就得把这些观点串联起来。他还需要对所取得的进展给予热情的肯定，然后才能针对他认为没有得到最大化发展的事情进行严肃对话。如果想继续保持一种积极又温暖的人际关系，他就得在重申评论和完善评论之间取得平衡。

思考时刻

♦ 你如何在积极的评论和具有挑战性的评论之间取得平衡？

♦ 你如何向那些被视为永远消极的人提建议？

♦ 你如何确保以一种乐于接受的方式接受发展性的观点？

(155) 漠视不良行为

小心，不要过分关注结果，因为有些结果意味着不恰当的行为被合法化了。

我们可以假定有些人的行为是由压力引起的，因此体谅他们在情绪激动时的行为。当人们在平衡艰难的工作和家庭的责任时，可以自由地使用最适合自己的方法。当需求相当大的时候，我们可能为了完成工作而放任自己的行为。我们还宁愿为了取得某项短期成果，也不去强化那些从长远来看符合组织最佳利益的行为，这并非明智之举。

哈里希望他的学生们都能成功。他鼓励他们更加自信，但得到的反馈是，他们变得咄咄逼人，而不仅仅是自信。哈里不愿采取行动，因为他希望让这些年轻人保持积极性，并在关键问题上做出各自的贡献，但他也承认，得调整他们的方法，以确保他们保持高度的善意，并成功地完成团队项目。

思考时刻

♦ 你什么时候会接受低于你正常预期的行为？

♦ 当一个人面临巨大压力时，你如何了解他的行为？

♦ 你在多大程度上对自己行为的影响视而不见？

156 昙花一现

当心，不要制造一些小干扰，以免对未来的进程造成不利的影响。

有时你可能想提出一些挑衅性的问题来激发对方的反应。你想立刻引起一阵轰动，但一次挑衅性的干预未必能增强你的长期影响力。关键是要达成一致意见，这样才有人倾听你的话，因为你表达的是有效证据或观点，而不只是你偏爱的挑衅性观点。你希望自己成为别人眼中永远的建设性人物，而不是被人暂时记住的古怪建议者。

哈里希望自己每加入一个新团队都有人觉得他能发挥作用。他的思维很敏捷，有时他故意提出一些古怪的建议来促成某种改进和发展运动。但他认识到自己的长期影响力取决于能否建设性地参与他人的观点，而不仅仅是专注于某个特定事物。他还需要调整自己的表达风格，让其他人心甘情愿地与他共同拓展思路。

思考时刻

◆ 你的干预什么时候会被当成"昙花一现"？

◆ 你如何让你与大家的观点保持一致？

◆ 什么时候适合以挑衅的方式让人们意识到采取行动的必要性？

157 不要跟你的衣食父母过不去

小心，不要在那些支持和赞成你的人身上占便宜。

你可能会有一些支持者，他们有益于你的利益，提醒你关注你的成功，或者给你的企业提供资金。有时候，你可能会把他们的善意视为理所当然，或者对他们抱有难以实现的过高期许。当有人慷慨对你时，你需务必做到这一点：你要对他们的慷慨表示感谢，但切不可认为慷慨会永远持续下去。因为我们不能失去支持者们的拥戴和赞美。

哈里得到了一些团队高层的支持，但他可能会把他们的支持视为理所当然，并要求他们提供更多的支援和赞助，而这远非他们所愿。当一位赞助商说他已经对哈里失去耐心时，哈里意识到自己需要与赞助商进一步沟通，了解对方的想法和担忧。

思考时刻

♦ 你可能会在哪些支持者身上占便宜或惹恼他们？

♦ 你是不是不该妄想别人对你的善意无限期地延续下去呢？

♦ 当赞助商表示你对他们期望过高时，你如何从遭拒的悲伤中恢复过来？

158 鸡蛋孵化之前数小鸡

当心，在实施你自己偏爱的行动之前，请先确保你已经和大家达成全面共识。

我们认为，我们已经在关键人物的配合下取得了重大进展。我们判断，现在几乎没有什么可以阻碍我们迈向成功的彼岸了。但事实上，谁也不能保证结果，直到最终声明出炉或者合同顺利签署。你可以激励别人描述重大的进展，但只有越过了终点线，成功才会到来。

哈里有时会用这样的技巧来描述一项协议：当达成90%共识时，他会夸大其词说百分百一致了。他故意这样做是为了建立一种假设，即人们继续反对某一特定结果是没有意义的。哈利意识到自己有时滥用这种技巧了。他要诚实地面对自己，于是他发现，在某些情况下，如果在所有人都赞同他喜欢的做法之前就假定一个商定的结果，会适得其反。

思考时刻

♦ 当仍然存在不确定因素时，你会假设双方已达成共识了吗？

♦ 在大家都赞同一种方法之前就假设已达成全面共识，这样有用吗？

♦ 你如何区分你可以确定的发展趋势和你需要与他人达成共识的前进方向？

159 看书的封面，猜书的内容

当心，凡事不要根据表象而非细致的分析来做出判断。

有些时候，我们希望一项倡议能够成功，而且每一步都有可能看到积极的一面。还有些时候，我们对某一项倡议持怀疑态度，看到每一份贡献都有负面影响。可能只会根据一项倡议的提出方式进行判断，而不是着眼于提议的长期影响。我们可能会很快做出判断，然后解释说，稍后会考虑细节。

哈里喜欢结识新朋友，但他往往会根据第一次接触就立刻对别人做出判断。他会根据第一印象去评估自己需要多么认真地听取对方的意见。他意识到，如果对方没有像他希望的那样与他互动，他可能会很快地摒弃他们。他还意识到，他会轻易相信别人，而不检验与考察他们的判断是否可靠。

思考时刻

♦ 你什么时候会过早地对别人做出判断？

♦ 你如何确保对一个人的看法不仅仅是基于最初的互动？

♦ 当事实证明你对某人的最初判断有误时，你如何弥补呢？

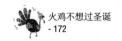
⑯⓪ 你不能一直玩失踪

小心，不要在你有影响力的时候玩失踪。

我在担任财务总监期间，与我对话的财政方面主要负责人常常在我最需要的时候玩失踪。她总在关键时刻"掉链子"，这让我很沮丧。更气人的是，只要她无法左右做出的决定时，就会故意缺席。我对她定期玩失踪且消失得无影无踪的本领感到沮丧，但她可能也同样对我的坚持感到沮丧，因为我一贯奉行的是从最新的角度去思考财政部的内在问题。

有时候，哈里为了保存体力而消失得无影无踪。他不想总是受制于那些想怂恿他去做自己无法控制的事情的人。他知道他不能一直玩失踪。于是，他抽时间与人交谈，他还得明确表态，然后承诺在某些时段会随叫随到。

思考时刻

♦ 你什么时候有必要消失一阵子？

♦ 如果你经常玩失踪，会不会损害你在他人心中的信誉和影响力？

♦ 你如何解释清楚为什么要消失一阵子？

⑯ 少年已去，未来可期

警惕，不要让少年的你来支配你的当前行为和未来行动。

深深植根于我们心中的是来自过去体验的方法和心态。在年轻时代，我们可能过于顺从或固执己见。当压力来临的时候，我们可能会回到少年的自己，展示我们认为已经被遗忘的行为和方法。我们并没有以自己希望的方式从少年的自己中解放出来。或许，需要值得信任的同事告诉我们，少年的我们正在悄然出现。

哈里在20多岁的时候是一个脾气暴躁的教条主义政治家，总爱谴责不公正的行为。后来，他承担了不同的领导责任，结果变得善于合作，并认识到自己需要尊重和吸引与自己观点不同的人。他认为这种直率是他的法宝，但也意识到他需要牢牢控制住局面。他不想失去某些人的支持，他花了不少时间与他们建立理解与信任呢。

思考时刻

♦ 过去的情绪反应什么时候会重新浮现？

♦ 你有没有意识到你可能在展示早期的自己？

♦ 什么时候有必要展示你早期的主要品质呢？

162 硬闯谈话禁区

警惕，当那些最有经验的人还在犹豫不决的时候，你就忍一忍，暂时别发表意见了。

我们决定指明一个前进的方向，结果却被忽视了，因此感到惊讶。我们好奇为什么周围那些富有经验的人并没有发言。也许有一些我们不知道的事情或历史，对别人来说是显而易见的，对我们来说则不是。当我们表明自己的观点之后，就会站在后面观察和等待，看看会发生什么事情。也许我们可以伺机而动，但要明白，现实中可能会出现一些我们察觉不到的敏感问题。

哈里是个没有耐心的人。他想表达明显的观点，但貌似有人围绕着一个主题来回阐述，情景很微妙，哈里意识到可能会收到不利的反应。有时候，这样的场景意味着他的观点被驳回了或被忽视了。还有些时候，他的言论迫使一个需要高效解决的问题公开化。哈里并不总是能做出正确的判断，但他明白，他的领导力表现之一就是陈述显而易见却未说出口的事实。

思考时刻

- 你什么时候明知道真相不会被众人接受但还会说出来？
- 你如何在察言观色和大胆说话之间取得平衡？
- 你什么时候会优雅地退出？

⑯³ 迁怒于信使

当心，以免你批评或谴责给你送来坏消息的捎信人。

把坏消息带给渴望积极结果的人，可能是一种勇敢的行为。你发现，别人对你的明显批评让你愤愤不平，你的即时反应可能是滔滔不绝的抱怨。你试图把自己定位为捎信人，而不是某个特定方向的倡导者。你意识到，有时你必须承受焦虑，帮助别人克服痛苦或厌恶。你要明白，真没有必要把你对他们的反应再反馈给他们。

哈里意识到，当他听到坏消息时，可能表现出相当强烈的反应。如果有人提前告诉他，他将会收到一条不好的消息，这会对他有所帮助。然后，他会让自己坚强起来，调整好情绪，以便理性地考虑他将要听到的消息。当他意外地听到坏消息时，他知道必须学会承受，而不是立即回应说，要把事实弄清楚，并在适当的时候给予答复。

思考时刻

♦ 你什么时候可能会"迁怒于信使"？

♦ 你如何准备好接收坏消息？

♦ 是什么让你准备好向别人传达坏消息并随时接受痛苦的反应？

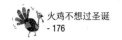
164 沦为野心的奴隶

小心，不要让你的野心支配你的一切行动。

每个组织都需要有抱负的人，他们能看到未来的机会，并推动组织以建设性的方式向前发展。如果你以正确的方式表达个人抱负，可能会产生强大的有益影响，并使你的组织以动态和有效的方式实现其目标。但是，如果你只专注于自身利益的野心，可能很快产生具有破坏性的反作用，并导致他人的警惕性和信任度削减。如果你的野心左右着每一个决定，那就可能会压垮主要价值观和破坏人际关系。

从学生时代开始，哈里就一直雄心勃勃地想在学生会中担任高级职务。他心中已经拟订了关于下一步骤的计划，在建立人际关系和承担责任方面也有了深刻的思考。当计划遭到他无法控制的事件阻挠时，他对自己很生气，也对同学们不满。后来，哈里猛然醒悟，其他人并不打算将自己的决定委托给哈里，他需要更多的耐心和适应力来实现自己的雄心壮志。

思考时刻

♦ 雄心壮志什么时候能让你的组织以建设性的方式思考未来？

♦ 你的雄心什么时候会带给你目标感？

♦ 当你的野心受挫时，你会如何应对？

第六章

莎士比亚的教训

构思你的人生小剧本

⟨165⟩ 拖延有罪，夜长梦多

拖延是指不继续或推迟或放慢行动的决定。

当你等待可用信息或为了支持前进方向而结盟时，拖延是一种必要的手段。但一次又一次的拖延可能会导致希望破灭、精力耗尽和决心消失。无休止的拖延意味着你会错失良机，并把主动权拱手让给了别人。因为等待支持性的信息而拖延太久，这可能意味着我们对周围发生的现实视而不见，因而置身于遭遇批评的危险境地——故意地视而不见或破坏性的不作为。

卡萝意识到，她领导的慈善机构财务状况不佳，并认识到有必要重组该机构。卡萝总是有理由推迟决定，而她又不愿意采取必要的艰难步骤。由于新冠肺炎疫情大流行，慈善机构接收到的捐款大幅减少，她后悔没有早些做出必要的结构调整。她不打算重组的决定意味着，如果她在早期就采取最佳决策，该慈善机构就会处于更危险的境地。

思考时刻

♦ 拖延什么时候会带来更好的结果，什么时候会带来更差的结果？

♦ 你如何预见未来并看到拖延的后果？

♦ 你如何区分有好处的延迟和有风险的延迟？

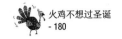
⑯ 我的内心暗潮汹涌

保持警惕，以免你的情绪支配你的行动。

有时，你热衷于推进一个特殊想法，认为所有的反对意见都是错误的。有时，你强烈地认为大家不应该做出决定，你用你能想到的所有论点来抑制别人赞成的行动方针。在这两种情况下，你都表现出一种近乎狂暴的能量。你面临的风险是，你没有考虑自己的情绪干预产生的影响。

卡萝可能会对慈善机构应该采取的行动充满热情。她与该慈善机构服务对象的痛苦之间有一种强烈的情感联系。重要的是，她要尽最大努力去帮助那些受苦受难的人。卡萝内心的热情吸引了捐赠者，也激励了志愿者。有时，一个月的激情会变成一阵旋风，让之前一个月的激情相形见绌。

思考时刻

- ◆ 你的热情什么时候会激励别人？
- ◆ 你什么时候会从一种激情迅速转向另一种激情？
- ◆ 你如何引导自己的热情发挥最佳的长期效果？

⟨167⟩ 少不更事的我不善判断

你有必要提醒自己回忆一下年轻时采取的方法。

在年轻时代的工作生涯中，你可能对目标充满热情，并对可能取得的进步感兴趣。你对可能发生的事情一无所知，也不会用过去的经验去判断可行的事情。你带来了一种全新的方式，不受偏见和昔日创伤的挑战。有时候，这样会帮助我们提醒自己：年轻时的自己在类似情况下可能做出怎样的反应？

卡萝很快回忆起她20多岁时在一家慈善机构担任外勤官时的感受。她的热情没有止境，她与人相处的能力意味着她建立了建设性的联盟。在后来的几年里，卡萝日渐成熟，更加谨慎地看待不同人的动机。卡萝时不时地提醒自己，她需要运用自己的能力，在建立人际关系的过程中挖掘出别人最好的一面，同时在推行方法过程中仍保持一丝谨慎。

思考时刻

♦ 年轻时代的你如果处在当前的情况下，会怎么想、怎么做呢？

♦ 你20多岁时的思维模式中有哪些特征在今天仍然适用？

♦ 是什么让你对现在采用20多岁时采用的方法持谨慎态度？

⟨168⟩ 成熟以后，要么腐朽，要么通透

我们不能停滞不前。我们要么在成长，要么在衰老，还可以在人生的不同领域中兼顾。

我们要么在前进，要么在倒退。我们要么在理解力、智慧和效率方面不断提高，要么变得故步自封，局限于自己的狭隘视角，对新的可能性关闭大门。我们可以影响自己是否在理解中不断成长，以及何时开始闭口不谈机会。自我意识是帮助我们决定何时需要改变方法或继续前进的关键。

卡萝目前在她人生中的第四个慈善机构工作。她意识到，如果要对自己正在做的工作保持热情，她需要感觉到自己正在不断提升理解力和工作效率。她曾见过太多的人在一个特定的慈善机构职位上工作了太长时间，思想变得僵化，方法饱受批评，他们对自己的职业发展感到不满却不知如何改变。

思考时刻

♦ 是什么帮助你不断思考未来，让自己和他人展现出最好的一面？

♦ 你如何确保你不会封闭自己并停止建设性地展望未来？

♦ 你如何让别人走向成熟但不腐朽？

⑯⑨ 简洁是机智的精髓

最短的干预往往是最有效的贡献。

对会议做出最有效贡献的人，往往是那些做出简短、深刻和及时发言的人。他们把注意力引向一个关键的信息、一个可能的结果或一个隐藏的风险。良好的干预可能会试图放慢谈话的速度，并提出一个关键的问题。重要的是干预的质量，而不是干预的数量。你的目标可能是鼓励人们提前思考，并考虑你的发言所带来的结果。如果你的目标是改变人们的思维，那就不需要立即回答。

卡萝意识到她有时候话太多了。她特别重视与董事会主席的讨论，董事会主席也会认真听取她的意见，然后给出有见地的建议或提出问题帮她塑造今后的思维。卡萝知道主席的意见很中肯，有助于她的下一步行动。卡萝努力让自己的干预具备针对性，但也明白，她是不可能完全实现目标的。

思考时刻

♦ 你观察到谁说出了简短、及时、有影响力的感叹词？

♦ 简洁什么时候会成为你最大的财富？

♦ 什么时候有必要找出关键的问题而不是制订冗长的解决方案？

⑰ 绕弯子，找方向

当事实证明某条路线错了的时候，它会给我们提供信息，帮助我们找到更好的路线。

有时候，采取行动比优柔寡断更能检验某条路线是否有效。当某个特定的方法行不通时，我们会扪心自问，从中学到了什么？如何利用经验教训来指导我们现在决定采用的方法？最有力的洞见往往来自那些从不如我们所愿的失败选择中学到的东西。

卡萝想起了她就职于一家慈善机构的那段时间，当时虽然很痛苦，却培养了她的韧性和做出艰难决定的能力，这对她后来的职位非常有益。那段痛苦的经历对她的领导能力产生了关键的影响。想当年，那段经历看上去极具破坏性，让她日渐衰弱。可如今想来，那段往事对她培养自己的领导才能有着长期而深远的益处。

思考时刻

♦ 你如何从错误的决定中走出来并从中学习？

♦ 你如何把让人衰弱的失败感抛在脑后呢？

♦ 是什么让你冷静地对待那些不能如愿的决定呢？

⟨171⟩ 兜了一圈又回到起点

有时你会回到开始的地方。

你精力充沛且充满期待，但事情并没有按照你希望的方式展开。你试图冷静下来，因为你需要重新开始。你深入挖掘自己的潜能，意识到你需要生龙活虎地重新开始，因为你知道哪里出了问题，并寻求一种全新的方法。你必须接受这样一个事实：你可能不得不反复回到同一个起点，直至找到一种有效且可持续的前进方向。

卡萝意识到，她的几个受托人热衷于一项特殊的事业。卡萝对此有所保留，但她明白，她需要继续推进受托人希望看到的发展。最终，这两位受托人接受了他们偏爱的方法行不通的事实，并且认识到，关于寻找最佳方法的讨论需要重新开始。所幸，这两位受托人现在更加开明地思考下一步行动了。

思考时刻

♦ 你什么时候需要优雅地接受你又回到起点的事实？

♦ 当人们需要重新开始某项工作时，你如何让他们欣赏自己的学习成果？

♦ 你什么时候会意识到，回到起点是最好的选择？

172 "被需要"是一种价值

"被需要"是一个有价值的起点。

我们可以充满抱负和理想。我们希望抓住机遇，建立一个更好的组织或提供更有效的成果，但首先我们需要成为被需要的人。要想取得进展，就得恢复财务平衡，或者解决某些人事问题。我们必须解决和清除障碍，并在合理展望前进方向之前化解不信任感。外部危机可以为彻底反思和重组创造机会，而这些在以前看来是无法实现的。

卡萝意识到，捐赠者的年龄结构意味着，现有捐赠者的捐赠可能会减少而不是增加。卡萝认为，慈善机构有必要重新审视其捐赠者的年龄结构，更加重视吸引更年轻的捐赠者，并重点邀请退休的支持者们考虑把慈善事业写进遗嘱。除非迅速采取行动，否则捐赠收入就会一落千丈。

思考时刻

♦ 你认为"被需要"是一个基本起点还是一种干扰？

♦ 你如何将"被需要"与组织的前进方向联系起来？

♦ "被需要"什么时候会压垮你且拖累你的志向？

⟨173⟩ 悲伤多过愤怒

表达强烈情绪的最好方式是悲伤而不是愤怒。

当事情出了差错，不同的情绪就会出现。有时可能是一种易怒、沮丧和愤怒的情绪。还有些时候，主导情绪可能是悲伤或痛苦。当事情出错时，不可避免地会出现情绪反应，也许随着时间的推移，我们可以引导自己做出悲伤和痛苦的反应，而不是愤怒和沮丧的神情。悲伤和痛苦的情绪使我们能够接受已经发生的事情，并开始思考如何处理未来的情况。这有助于我们从失望中走出来，形成一种更具建设性的心态，且积极面向未来。

卡萝知道，当事情出错时，她会觉得委屈。她已经锻炼自己在出现问题时保持冷静，并把自己的担忧表达为一种深刻的反思，而不是公开的失望。随着时间的推移，她已经认识到，在下一步工作中，她的反应要尽量保持和蔼可亲，显得考虑周到，这样才更有可能找出正确的学习方式，而不是滔滔不绝的愤怒言辞。

思考时刻

♦ 你如何缓和自己对坏消息的反应？

♦ 你如何把愤怒的欲望转变成悲伤或痛苦的表情呢？

♦ 你如何面对失望？

(174) 做茧自缚

保持警惕，不要让你强烈坚持的观点转而对你不利。

你坚持认为，在某个同事倡议的某个具体行动得到认可之前，你需要看到明确的证据。几个星期后，这位同事用了你几个星期前用过的同一证据来和你争论。你承认，抱怨同事的做法是没有意义的，你必须建设性地回应他，并收集更多的数据，然后才能合理地期待他做出决定。

卡萝坚持认为，某个特定的决定是基于相当有限的证据。她的受托人则更持怀疑态度。这种犹豫的背后隐藏着某些受托人的真实感受，而卡萝在没有经过彻底检验的情况下就迅速否决了他们的想法。卡萝承认，她这样做是前后矛盾的——她对受托人的建议不屑一顾，并坚持认为，她喜欢的前进方向是基于她的直觉理解，而不是客观检测的结果。

思考时刻

♦ 当别人与你使用同一论据时，你会如何回应？

♦ 当你根据自己的价值观做出措辞强硬的陈述时，你如何评估别人对你践行这些价值观的感受？

♦ 你什么时候对别人和对自己的期望会不一致？

第七章

我们的心态

开设你的心态提升课堂

⑰⑤ 且让百花争艳

鼓励各种不同的可能性，看看哪些能激发你的想象力。

有些时候，我们不清楚什么才是正确的想法。你要鼓励自己思考一系列不同的可能性，看看哪些是有吸引力的、哪些是有价值的。你观察不同的建议如何获得支持，以及哪些建议似乎正在建设性地发展。如果有人对某些想法有热情，你会感到高兴，并意识到，其他的可能性也许会受到较少的关注或不那么有吸引力。

布伦达意识到，她的团队希望在新冠肺炎疫情之后的世界中以不同的模式运作。有些人希望确保他们的团队会议是面对面的，而有些团队已经习惯了虚拟团队会议，并建立了一种对他们有效的节奏。还有些团队可能会使用面对面和虚拟混合的模式。布伦达并不想设定一个固定的、公式化的团队组织方法。她与团队领导一起设计有关良好实践的提示性操作，以确保所有团队成员都充分参与。

思考时刻

♦ 你希望在工作方式上提倡什么样的弹性？

♦ 如果有人提出了解决问题的不同方法，你感觉舒服吗？

♦ 你准备好接受不同的团队采用不同的方法了吗？

⟨176⟩ 未选择的路

当做出某个选择时，我们需要接受自己已经放弃了其他可能性的事实。

有时我们会过多地考虑决定不走的路。有时我们会好奇，如果我们当初做出不同的选择，结果会怎样。我们提醒自己，如果我们为那些可能耗精力的事情而忧心忡忡，那就可能会深陷恶性循环的泥潭。必须承认，我们需要欣赏自己对现状的满足感，并看到未来的可能性和机会，并从生活中所做的各种决定中学到经验和教训。

布伦达开始了演艺生涯，可她只取得了有限的成绩。经过一连串的失望之后，她加入了企业中的管理部门，在那里，她清晰而有说服力的沟通能力使她能够迅速地担任要职。当她渴望重返剧院舞台时，她提醒自己，她现在是在一个更广阔的平台上工作，在这里，她可以在表演训练和经验中学到各种有用的技能，因为她试图在许多不同的会议上展示自己的口才说服力。

思考时刻

♦ 我什么时候可能会后悔过去的决定？

♦ 我如何确保自己能认识到职业选择带来的好处？

♦ 是什么让我不再对过去的决定感到失望？

⬡177 把生活过成马拉松，而非短跑

强调一下，我们要有长远的眼光，而不是只考虑眼前。

我们会全神贯注于此时此地。我们希望把精力投入当前正在发生的变化，并获得立竿见影的满意结果。但我们认识到，我们可能会耗尽全部精力，却把自己的期望设定得过于狭隘。生活提醒我们，需要以几十年而不是几天的时间来看待人生，需要深思熟虑，从更长远的角度来提升我们的理解力、洞察力和能量。

布伦达决心在目前的职位上取得成功。因为她总是愿意承担责任，所以大家对她寄予厚望。布伦达意识到，她必须更加慎重地考虑职业生涯的下一步，以及她需要提高的技能和经验。她承认，在不同的情况下提升自己的领导技能，要比争取尽早晋升更好。她既不想让自己精疲力竭，也不想让别人认为她只善于解决短期问题。

思考时刻

♦ 你什么时候会过于专注短期目标？

♦ 从长远来看，什么能帮助你调整自己的步伐？

♦ 你想如何开发长期需要的一整套领导方法？

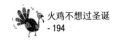
⑰⑧ 打开盖子露端倪

你可以先说一条好消息，然后激发人们对未来的兴奋感。

我们认识到，初见端倪的进步令人欣慰，但并非成功的保证。我们知道，必须先耐心等待证据，然后才可能得知人们的思想或行为发生了重大转变。但是，庆祝初见端倪的小小进步，可以让人们看到某些显著的重大进展。

布伦达开启了一些试点研究，他在测试分析数据和回应客户的不同方法。某个团队的初步迹象表明，他们正在享受以不同方式做事和使用数据的机会，布伦达感到很高兴。这个团队现在自由地展望未来的可能性，并热情地鼓励其他团队也关注潜在的机会。布伦达认识到，大家需要时间去见证某个方法成功转变的过程，同时也允许自己发出由衷的微笑。

思考时刻

♦ 你允许自己享受初见端倪的进步吗？

♦ 你愿意把进步的初始迹象看作是开启重大变化的前景吗？

♦ 你如何鼓励人们对可以实现的目标充满热情？

⑰⑨ 往事值得回味

从未来回顾过去，看看你所经历的旅程，这是很有帮助的举措。

想象一下未来的自己，回顾一下我们来自哪里，以及旅程中有哪些不同的阶段，这会对你有帮助。当回首往事时，我们会观察自己的信念、态度和方法是如何演变的。虽然步幅不均，但我们从进展顺利和不太顺利的地方都学到了东西。我们会从自己的旅程中得到鼓励，并在拐错弯或陷入困境时保持冷静思考。

布伦达意识到她可能会对她自己感到失望。有时她需要回顾一下，看看她的不同经历是如何把她培养成一个领导者和一个有效率的团队成员的。她对自己过去无辜的错误报以微笑，并意识到生活给了她很多教训，并已学会如何保护自己不受他人不合理期望的伤害，以及如何更好地发展自己最想达到的影响力和冲击力。

思考时刻

♦ 你能以积极的方式看待你目前的人生旅程，且每走一步都去学习吗？

♦ 你如何更好地诠释以前的失望？

♦ 当未来的你回顾现在所处的位置时，会影响你花费时间和精力的方式吗？

⑱ 给未来留点儿念想

置身于行动中心的兴奋感，可能会让人筋疲力尽且变得虚弱。

我们喜欢忙碌，还喜欢参与各种行动。我们知道，我们可能会因为如此专注于某一刻的强度而导致能量储备迅速减少，从一种欣喜若狂的投入感转变为毁灭性的疲惫感。当陷入高强度的行动旋涡时，我们可能会忽视它对健康的影响，也无法清楚地看到它在我们身上造成的后果。

老板希望布伦达既能解决短期问题，又能开发长期方法。但风险在于，由于老板的眼前期望，她被拖进了短期计划，而对长期的考虑关注较少。布伦达知道，当眼前的危机结束时，老板不会接受这样的事实，即他眼前的期望意味着布伦达只有时间寻找短期的解决办法。布伦达知道，她必须管理自己的时间和精力，继续解决长期问题，而不是完全被眼前的旋涡所支配。

思考时刻

♦ 你什么时候会太过专注于眼前的事情？

♦ 如何在短期和长期之间合理分配你的时间和精力？

♦ 有什么危险的迹象表明你过于享受眼前的行动？

⑱ 不要沉浸在破碎的梦境中

把过去的失望看作一种启迪，而不是一种遗憾的理由。

对未来的梦想给了我们希望和使命感，有助于塑造我们的抱负和方向感。我们帮助他人的梦想反过来也会激励我们自己。许多梦想因为种种原因而无法实现。有时一个梦想看似合理，随后却被我们无法控制的环境所摧毁。我们认识到，如果过于专注于过去尚未实现的抱负，反而会弊大于利。

布伦达一直梦想着经营自己的公司，并憧憬着高度独立的未来。在职业生涯的中期，她不得不面对自己的健康问题，因为她可能很快就会筋疲力尽。她决定，前进的方向之一就是实现分工合作。她想一周工作三天，如此，她的身体便不再发出虚弱信号，这是对她健康状况的积极肯定。现在她有了一个高效的工作搭档，也看到了自己的前景——她有望成为一个重要组织的CEO。她的脑海中曾经有一个破碎的梦，如今却变得丰满可期。

思考时刻

♦ 哪些破碎的梦会让你过度沉浸在其中？

♦ 破碎的梦想什么时候可以帮助我们重塑对未来的渴望？

♦ 是什么让你能够冷静地看待过去破碎的梦想？

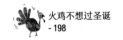
⑱ 当心被愤怒包围

愤怒具有传染性、煽动性和破坏性。

当我们感到愤怒的时候，我们想要用一种释放情绪的方式来表达。我们已经了解到，这种表达最好是我们独自完成，或与信任的朋友一起完成。我们意识到，群体中的愤怒很快就会升级，制造一种强烈的怨恨情绪和挫败感，并以一种无益且潜在的破坏性方式爆发出来。愤怒很快就会放大为怨恨和攻击性的语言，还容易脱口而出，并会产生长期的破坏性后果。

布伦达着眼于更广泛的组织调查，她观察到，在那些充满被误会和被曲解的团队中，怨恨情绪日益增长。那些团队认为他们因为做错了决定而受到指责，而且高级管理层正在疏远他们。布伦达特意帮助他们理解所发生的一切，并引导他们少一点儿紧张狂躁。她认真地听着他们的忧虑，努力使他们平静下来。

思考时刻

- 愤怒什么时候可能会压垮一个团队？
- 你如何最大限度地缓解与你共事的团体成员的愤怒情绪？
- 你自己的愤怒什么时候会阻止别人有效地处理他们正在设法消除的愤怒？

⑱ 诿过于人，轻松自毁

责备他人可能意味着你在逃避为自己的行为承担责任。

责备他人是对出错的事件进行解释的一种简单方式。它使你对自己的行为失去责任感，因此对过去没有遗憾，对未来没有顾虑。指责他人可能会导致他们被抹杀或被妖魔化，这将妨碍双方建设性合作并向前发展的可能性。大肆指责他人会限制你尽可能客观地看待所发生的事情以及未来的学习内容。

布伦达对一些承诺完成任务却做不到的同事感到非常失望。她意识到自己也有一部分责任。她与这些同事的关系并不像她本可以做到的那样密切，对一些早期预警的解读也不像她对风险和偏差的理解那样清晰。布伦达真想责怪这些同事，但也承认她本可以采取不同的做法去限制一些变化。

思考时刻

♦ 责怪别人什么时候会成为一种很容易自我毁灭的方法？

♦ 当你想责怪别人时，你如何及早察觉到他们的情绪反应？

♦ 当别人想要责备你和你的下属时，你该如何应对？

⑱⑭ 迷惑的时候耸耸肩

小心，不要给人留下你不理解且不在乎的印象。

我们的肢体语言一直在被人观察和解读。耸肩可能表示不感兴趣、厌倦或犹豫。这种印象可能与我们的意图完全不同，因此，我们必须认识到肢体语言所发出的信号，还要思考如何更好地监控自己的肢体语言，慎重地给人留下印象，以免不经意间发出可能会让自己后悔的信号。

布伦达知道，当她不确定的时候，她的肩膀会下垂，显得不自信。她也明白，她需要清楚地表达自己，不让别人误会她的举止以及她看待他人的方式。有时她需要放松肩膀，投入谈话中。有些时候，她应该挺起肩膀，集中精力，认真思考自己所说的话，并留意自己如何表现出一种超前的使命感。

思考时刻

♦ 人们如何解读你在会议上的自然姿态？

♦ 你坐下来参与的方式什么时候会给人无益或错误的信号？

♦ 什么能帮助你用肩膀发出信号，表达你想要定下的基调？

第八章

永恒的真理

信手拈来的真理，简单却很治愈

⑱⑤ 自己铺的床自己躺

一旦做出了选择，我们就必须承担后果。

我们喜欢探索不同的选择，品尝不同的可能性。好奇心把我们带向不同的方向，我们不想在花费时间和精力的方式上受到限制。我们想要保持思维方式的适应性，但也认识到，如果想要维持收入、人际关系和家庭，我们就必须忍受自己的决定所带来的结果，尽管回想起来，这些结果在某些方面可能并不理想。

拉希德喜欢顾问工作带来的多样性。他可以涉足别人的问题，表达自己的观点，而不必负责实施自己的想法。他意识到，他必须忍受担任顾问所带来的不可避免的不确定性，因为这项工作随时都可能接不到活儿。他已经可以接受不稳定的收入，也容忍了不能长期参与特定话题的遗憾。他已经做了合理的权衡，为了做自己真正喜欢的工作，这一切牺牲都是值得的。

思考时刻

♦ 你如何接受你过去做的次优选择？

♦ 你能意识到哪些是有长期影响的选择吗？

♦ 你如何在次优的情况下看到更好的一面？

⑱⑥ 量体裁衣，量入为出

为了认识到所能得的东西的局限性，我们需要一点儿现实主义。

我们希望自己雄心勃勃，并希望彻底改变所在的组织。我们想要采取激进的想法，并相信这些想法会带来重大的改变。我们看到了一个对同事有吸引力的机会。但是，当我们的想法得不到支持时，会感到失望。我们需要把大胆和务实结合起来。当看到机会时，我们需要慎重地评估我们有多少盟友。当看到了投资的需求时，我们需要诚实地评估我们可以得到多少资源。

拉希德清楚地看到了一家咨询公司如何能对保险业产生巨大影响，因为他已经看到了良好的做法和糟糕的管理之间的对比。他有很多建设性的想法，但对于他要求大量投资的请求，公司员工们的反应冷淡。他很不情愿地接受了这个事实，即他需要一步一个脚印地前进，并向外界证明，作为最初招聘的结果，该公司在保险市场上的业务正在增长。只有这样，保险业才有可能大规模扩张。

思考时刻

♦ 你如何将大胆与务实完美地结合起来？

♦ 你如何将自己的热情转化为实际行动呢？

♦ 是什么让你最大限度地利用有限的资源？

(187) 优雅地退出

有时候，最好的行动就是有分寸地撤退。

你认为需要采取特定的行动，并为你的首选决定列出理由。但有些人持怀疑态度，而他们提出的观点并不能说服你。也许你的同事需要时间来权衡这些证据，并适应未来的不同选择。你决定不再强调自己的观点，并认为最好是等到某些事情发生后再说。你意识到，现在不是做出决定的时候，因为这可能会导致错误的答案。

拉希德看到了卫生部门的发展空间。他的同事们对此表示怀疑，因为商业部门的利润率高于公共部门。拉希德意识到，如果他坚持在卫生部门大规模扩张，那他现在就得不到全力支持。他需要用更清晰的例证进一步分析现状，说明有针对性的咨询支持可以在哪些方面产生重大影响，并就物有所值的话题进行令人信服的表述。

思考时刻

♦ 你什么时候会认为退出就是挫败？

♦ 你如何优雅地退出？

♦ 你认为什么时候保持克制会优于强行要求选择有悖于你喜欢的方法？

(188) 不要把所有的鸡蛋
放在同一个篮子里

让自己相信，前进的道路可能不止一条。

当你分析两三个不同的选择时，有必要权衡一下其中的利弊。当你处理一个困难的问题时，务必要思索解决问题的多种方法，以避免拘泥于一组特定的步骤。在为某一特定行动寻求盟友时，你可以与不同的人对话，而不是仅仅依靠以前的支持者。

拉希德可以看到，在某个部门的投资很可能比在其他部门的投资带来更高的回报。然而，经验告诉他，市场瞬息万变，咨询公司需要在一些行业拥有信誉，因为需求不可避免地会出现大幅波动。拉希德意识到，他需要做出选择，但要仔细斟酌，不要排除太多的可能性。

思考时刻

♦ 你什么时候可能会有过于专注于某一个前进方向？

♦ 你如何适当限制而不是过度约束自己的未来选择？

♦ 你如何更好地把握可能的未来选择？

(189) 乌云背后总有一线光芒

在任何严重的问题或危机中，总是要寻找潜在的积极发展。

当我和正在经历困难的人一起工作时，我会试着选择一个合适的时机，问问他们可能会在心态上做出什么改变，或者接受和推行哪些不同的选择。也许人们的反应方式变得更加灵活了。如果问问他们在困难的情况下发生的一件好事，可能会给令人痛苦的气氛和明显使人倾颓的环境带来新的视角。

拉希德经常和他的同事们谈论那些没有达到预期效果的项目。拉希德变得很善于帮助他们转变观点，让他们清楚地表达在处理一个特定项目时所学到的东西，以及他们将如何以不同的方式处理接下来的步骤，同时要考虑到那些逐渐变得明显的见解。拉希德是个天生的乐观主义者，但他知道自己必须缓和这种乐观情绪，同时充分理解同事们为什么会担心某些地方出了问题。

思考时刻

♦ 你如何让自己相信乌云背后总有一线光芒呢？

♦ 你如何从消极的经历中吸取积极的经验呢？

♦ 你如何缓和乐观情绪，并诚实地评估哪里出了问题？

⑲⓪ 经验让傻瓜变智者

无论我们觉得自己多么愚蠢，经验总能教会我们变得更加智慧。

"事后诸葛亮"使我们看清了自己的愚蠢之处。我们回顾那些给自己或他人带来不必要焦虑或痛苦的愚蠢言行，同时认识到，我们的敏感性和洞察力已经通过愚蠢的行为而得以塑造。愚蠢是智慧的先导。我们希望愚蠢没有造成太多的伤亡，也希望我们没有以造成长期伤害的方式伤害自己。

拉希德偶尔会提醒自己，他做出过一系列愚蠢的决定。当时他在做自己认为正确的事情，但现在回想起来，他错误地判断了干预和决策。但是对于大多数愚蠢的行为，他能够辨别出他的愚蠢行为中显现出来的好兆头。有些时候，他的脆弱让他备受欢迎，并与他人建立了牢固的人际关系。还有些时候，他的愚蠢教会了他在未来的场合不要以同样的方式行事。拉希德承认，他应该把自己的愚蠢特质看作是可爱和不幸，而不是致命点。

思考时刻

♦ 你从愚蠢的行为中学到了什么？

♦ 你的愚蠢在多大程度上影响了你对未来的看法？

♦ 你能理解别人的愚蠢吗？

⟨191⟩ 骄兵必败

当我们对自己感到最满意的时候，我们可能会忽视周围潜在的陷阱。

我们应该为自己能够做出的贡献感到自豪，并能够以建设性的方式总结自己的做法。当我们相信自己的道路独一无二，我们的成功不会被他人复制时，风险就来了。自信使我们大胆，但如果过于自信，我们就会变得盲目。有时候，我们被自信蒙蔽了双眼，没有意识到我们正在失去他人的支持。

拉希德意识到，他必须有信心在为企业未来代言和努力倾听他人意见之间取得平衡。他需要足够大胆地开发一条前进的道路，且谦虚地认识到自己可能犯了错，还得允许别人改进他的想法。他需要提升自己聆听和临机应变的方式，并为之自豪。

思考时刻

♦ 你的大胆什么时候让你对风险视而不见？

♦ 你如何对自己所做的事感到自豪，并且继续保持开放的心态？

♦ 如果你对自己所做的事感到骄傲，却对别人说的话几乎充耳不闻，谁会提醒你？

⬡192 火鸡不想过圣诞

保持警惕，利己主义会影响和歪曲人们的判断，就像火鸡不支持过圣诞节一样。

你希望你的同事以最客观的方式看待各种选择和未来的可能性，并权衡各种证据，对不同选择的利弊保持冷静。如果要裁员，你希望团队领导会考虑什么对企业最有利。你意识到，你需要在某些方面忽略他们的观点，因为利己主义因素不可避免地会影响他们评估选择的方式。

拉希德想辞退某个活动领域内的中层管理人员。来自团队领导层的很多回应都在预料之中，因为他们受到了利己主义的强烈影响。但有几位同事在评估这一影响时较为冷静。拉希德需要承认的是，大家的个人立场会影响他们自己的回应。于是，他试着寻找那些持有折中观点的人来帮忙思考接下来的步骤。

思考时刻

♦ 我们的观点什么时候会被利己主义所扭曲？

♦ 我们如何看待利己主义会扭曲他人的观点？

♦ 我们什么时候需要公开谈论如何停止利己主义？

⑲ 先拔掉你眼中的刺

在批评他人观点的局限性之前，我们要先拔掉眼中刺，清除掉自己思维中的障碍。

你准备在一个次要问题上批评别人的做法，但你看待现实的方式可能存在更大的缺陷。我们需要别人告诉我们，是什么扭曲了我们的愿景，此外，如果我们纠结于别人的想法中某个错误，可能会损害我们自己的信誉。

拉希德一直表示，不同地理区域的顾问在早期阶段没有相互沟通，也没有跟上其他经济体的发展。区域领导者希望拉希德给出一个更清晰的前进方向，并明确判断个别区域的表现。拉希德不愿意承认，问题的部分原因是他没有明确目前工作的头等要务。

思考时刻

◆ 你什么时候会过于关注别人正在做而你不会做的事情？

◆ 是什么阻碍了你形成一个清晰的前瞻性视角？

◆ 当你的愿景遭到扭曲时，你觉得谁适合提醒你？

⑲⁴ 火是善仆，也是恶主

请注意，不要让一个在某种情况下很管用的方法在决定你前进的道路上变得过于强势。

现在有一种特殊的分析形式为你提供了有价值的数据，于是你开始严重依赖它。你想在不同的领域使用这种分析形式，但你要明白，你可能会成为这种分析形式的奴隶，并过度依赖这种方法的支持者们。关键是要警惕，不要任由某个有影响力的团体或方法支配和控制我们。

拉希德会故意把大家聚集在一起谈论某个问题。他希望发起一场良好的对话，使大家严格地探索各种选择，但他不希望这场对话的场面失控。他希望人们开诚布公地发言，并探索和挑战彼此，但他不希望友好的辩论变成激烈的交锋。他小心谨慎地主持谈话，让大家诚实地支持彼此的观点，既有尊重也有挑战。

思考时刻

♦ 你什么时候需要让大家进行开诚布公的对话？

♦ 你如何确保诚实坦率的挑战不会产生破坏或变成对个人的攻击？

♦ 你如何保证你的狠话不会伤害到别人？

⑲⑤ 谁出钱，谁做主

那些为企业提供资金的人，在很大程度上决定了企业的未来方向。

某个慈善机构的CEO对慈善事业有着宏伟的构想，但构想能否践行取决于金主们提供的赞助。组织内部可能会有人主张在某个特定领域进行投资，但关键在于执行团队决定的人员和财务资源使用的优先次序。

拉希德希望给大家以新的方式思考的自由。他知道，关于在哪里投资的问题，总是需要做出艰难的决定。他希望大家可以自由地拓展思路，但在资源分配方面，他需要使用一种严格且自律的方法。他不想就每一项资源分配都做出决定，但需要制定一个明确的程序，并限制相关人员的数量，以便以审慎和客观的方式分配资源。

思考时刻

♦ 在评估谁决定资源分配时，你有多现实？

♦ 你什么时候应该更慎重地做出财务决策，而不是让别人替你做决定？

♦ 你什么时候可能会在资源分配决策方面过于保守？

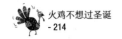
196 没有走不出的胡同，只有不会拐弯的人

机会可能会在你意想不到的时候出现。

眼前有一个清晰的方向，却让我们感到无情和无聊。这时，意外发生了，我们必须做出选择。生活并不像我们想象的那样无情地无聊下去。也许我们有过意想不到的机会，也许生活中发生的事情没有如我们所愿，也许我们需要面对困难的处境。但我们没有预见到，我们需要改变和调整花费时间的方式。

拉希德可以看到自己在发展咨询业务方面的前景。在接下来的几个月里，虽然有点乏味，但也是值得的，因为他从经验中认识到，总是会发生一些扰乱进程的事件。某个特定领域的业务意外下滑最初是个沉重的打击，但也推动了公司对员工的重新调度。这种情境提醒了拉希德，未来的道路似乎难以预测，他需要时刻关注机遇和风险。

思考时刻

♦ 你什么时候会对目标过于自信？

♦ 当你决定走一条特定的道路时，什么能帮助你寻找新的机会？

♦ 你什么时候会将可能出现的转折视为干扰或鼓励呢？

197 不同的食材配不同的酱汁

请务必记住，为一个团体做出的让步就是为另一个团体设置的限制。

你可能依赖经济学家来决策未来的投资，因此你会支持那些拥有资源和支持的小团体。其他团体则开始对经济学家明显受到的倚重心存忌妒。你意识到，你需要以适当的方式去肯定不同的团体，并承认他们正在做出的贡献。你还意识到，必须对资源的使用保持精明务实的态度，以符合企业的最佳长期利益的方式分配资源。

拉希德意识到，他的手下一直在密切关注某个组织的不同部门是如何获得资金的。拉希德还认识到，他不能让这样的现象发生：大家在看到他对某个地区资源的特殊请求之后，觉得他们自己也有权获得类似的关卡或资源。拉希德知道，他必须有选择地分配资源，并清楚地表达自己做出这些决定的原因。

思考时刻

♦ 当你把更多的投资放在某一个领域时，你如何清晰地表达自己的理由？

♦ 在分配资源的方式上存在差异时，你如何肯定不同的贡献？

♦ 你对不公平的暗流和平等的待遇有多敏感？

⟨198⟩ 人生没有彩排

我们做的每一个决定都会产生相应的结果。

有些时候，需要对自己正在做的事情轻描淡写，并意识到我们的选择和影响是实时的。无论是好是坏，我们都在影响着他人和环境。我们说的每一句话或者做的每一件事都会产生相应的后果。我们不是在排练将来可能发生也可能不发生的一出戏剧：我们现在是一场有影响力的行动的贡献者之一。我们正置身于一个备受评议的舞台，所做的每件事都有一个无法回避的残酷现实。

拉希德知道，当他决定在一个领域开启投资而在另一个领域减少投资时，所做的每一个决定都会对每一个人产生影响。他有必要解释自己的决定，因为这些决定对大家的生活产生了真实的影响。这不是彩排或预演，也不仅仅停留在理论上。他需要确保的是，如果大家将来能够得到有趣且有价值的工作，企业就能产生收入。

思考时刻

♦ 你如何把"认真做决定"和"敷衍责任"结合起来呢？

♦ 你如何把你所参与的每一个阶段都看作是一出正在上演的戏剧的场景之一？

♦ 你什么时候会参与排练，以便更有效地演好你的角色？

199 不要等到井枯了才怀念水的味道

我们认为一切拥有都是理所当然的，直到它们不再属于我们才后悔没有珍惜。

也许有些人对我们的组织做出了贡献，但他们所做的工作并不是我们思考的重心。他们确保IT部门正常运行，或者支付发票，或者让网站保持更新。我们力求铭记并肯定他们的贡献。我们意识到，当他们无法提供这些服务时，我们会抱怨，而当他们操作良好时，我们会忽视。我们提醒自己要定期向这些无名英雄致谢。

当IT部门工作的效率不高效时，拉希德就会生气。他可能是第一个发邮件确认问题并设定解决方案的人。他认识到，作为一名领导者，他应该思考自己还能做些什么，以便那些维持组织运转的人更有效地完成工作。他们需要被倾听、被欣赏，而不是被视为理所当然。

思考时刻

♦ 在那些不备受瞩目的领域，谁最需要你的肯定和鼓励？

♦ 你如何认可那些让企业持续运转的无名英雄的贡献？

♦ 当支持企业的基础设施可能出现故障时，你的最佳预期是什么？

⑳ 有志者事竟成

当人们有了明确的方向和前进的欲望时，通常能找到解决办法。

对任何企业来说，成功的关键就是创造和改变世界的激情。当企业中有一套根深蒂固的信念，且有着强烈的承诺和前进的动力时，最不可逾越的障碍都能克服。作为一个团队，可以考虑一下"我们找到前进道路的基本承诺有多坚定"，这是很有价值的事情。凡是有纠结的地方，都需要用心琢磨。

当拉希德面对某种程度的冷漠或疲惫时，他想针对未来之路发表一次鼓舞人心的演讲。有时这是正确的步骤，但通常需要他和他的团队一起探索更有动力和更加坚定的前进道路，并一起面对一些障碍。他知道，他需要找到一个共同的动机和意愿，并共同努力去寻找解决方案。

思考时刻

♦ 你什么时候需要不顾周围的怀疑派而继续推进呢？

♦ 如何建立一个共同的承诺去寻找解决方案？

♦ 你什么时候会亲自制订清晰的计划书，什么时候会专注于达成强大的共识？